国家林业和草原局普通高等教育"十三五"规划教材

森 林 防 火

刘发林　主编

中国林业出版社

内容提要

本教材力图将森林防火基础性、实用性的理论、方法和经验进行整合，切实做到理论与实践相结合、人才培养和社会需求相结合。主要内容包括：森林防火有关概念、森林火灾的发生和蔓延、森林燃烧的条件及灭火原理、林火的种类及特点、森林火灾预防和监测、森林火灾扑救工具及使用方法、森林火灾扑救与指挥、人员伤亡的主要原因及预防措施、森林火灾案件的调查与处置、森林火灾保险、森林防火规划编制等。

本书适于高等农林院校林学、森林保护等相关专业的研究生、本科、高职高专学生的教材，也可以作为基层林业生产技术人员的参考书。

图书在版编目（CIP）数据

森林防火／刘发林主编. —北京：中国林业出版社，2018.8（2024.11 重印）
国家林业和草原局普通高等教育"十三五"规划教材
ISBN 978-7-5038-9727-6

Ⅰ. ①森… Ⅱ. ①刘… Ⅲ. ①森林防火－高等学校－教材 Ⅳ. ①S762.3

中国版本图书馆 CIP 数据核字（2018）第 206059 号

中国林业出版社·教育出版分社

策划编辑：肖基浒　　　　　　　　　　　**责任编辑**：丰　帆　肖基浒
电　话：(010)83143555　83143558　　**传　真**：(010)83143516
封面照片：史　磊

出版发行　中国林业出版社（100009　北京市西城区德内大街刘海胡同 7 号）
　　　　　　E-mail：jiaocaipublic@163.com　电话：(010)83143500
　　　　　　https://www.cfph.net
经　销　新华书店
印　刷　三河市祥达印刷包装有限公司
版　次　2018 年 8 月第 1 版
印　次　2024 年 11 月第 6 次印刷
开　本　787mm×1092mm　1/16
印　张　13.25
字　数　325 千字
定　价　40.00 元

《森林防火》编写人员

主　　编　刘发林

编写人员　（按姓氏笔画排序）
　　　　　刘发林（中南林业科技大学）
　　　　　肖化顺（中南林业科技大学）
　　　　　陈爱斌（中南林业科技大学）
　　　　　蒋丽斌（中南林业科技大学）

前　言

　　森林是陆地生态系统的主体,是人类生存发展的根基。"枝繁叶茂一百年,化为灰烬一瞬间",森林防火责任重于泰山。森林火灾突发性强、破坏性大、危险性高,是全球发生最频繁、处置最困难、危害最严重的自然灾害之一,是生态文明建设成果和森林资源安全的最大威胁,甚至引发生态灾难和社会危机。我国总体上是一个缺林少绿、生态脆弱的国家,是一个受气候影响显著、森林火灾多发的国家。

　　近年来,美国、加拿大、澳大利亚、俄罗斯、希腊、印度尼西亚等国家相继爆发历史罕见的森林大火。中国在"十二五"期间年均发生森林火灾 3992 起,受害森林面积 $1.7 \times 10^4 \, hm^2$,因灾伤亡 61 人,与"十一五"期间年均值相比,分别下降 59%、85% 和 48%,森林火灾受害率控制在 0.1% 以下。

　　2017 年 6 月人民网报道《习近平擘画"绿水青山就是金山银山":划定生态红线 推动绿色发展》,对于全国务林人特别是森林防火人,守护好绿水青山责任重大,使命光荣。守护绿水青山,不仅要加强植树造林,更要护林防火。党的十八大把生态文明建设纳入中国特色社会主义事业五位一体总体布局,中共中央、国务院颁布《关于加快推进生态文明建设的意见》和《生态文明体制改革总体方案》,对生态文明建设做出顶层设计和总体部署。2017 年 10 月 18 日党的十九大开幕,习近平同志把"坚持人与自然和谐共生"列为构成新时代坚持和发展中国特色社会主义的十四条基本方略之一。同时指出,建设生态文明是中华民族永续发展的千年大计。必须树立和践行绿水青山就是金山银山的理念,坚持节约资源和保护环境的基本国策,像对待生命一样对待生态环境,统筹山水林田湖草系统治理,实行最严格的生态环境保护制度,形成绿色发展方式和生活方式,坚定走生产发展、生活富裕、生态良好的文明发展道路,建设美丽中国,为人民创造良好生产生活环境,为全球生态安全作出贡献。

　　森林防火是森林资源保护的首要任务,是生态文明建设的安全保障,是国家应急管理的重要内容,事关人民生命财产和森林资源安全,事关"山水林田湖生命共同体"安全,事关国土生态安全。未来十年,既是加快推进生态文明建设的关键时期,也是林业发展和森林防火工作的重要战略机遇期。

感谢参考文献的编著者(含因我们的疏忽被遗漏者)和本书中基本素材(数据、措施、理念等)的提供者,是您的教学与科研成果支撑起了本书。感谢南京森林警察学院张思玉教授在百忙之中审阅本书并对书稿中的谬误提出宝贵的建议。感谢中国林业出版社编辑从文字到教材结构等方面提出大量宝贵意见。

特别感谢:教材中引用了部分最新森林消防装备,感谢浙江西贝虎特种车辆股份有限公司、绿友集团、奥丁(上海)消防设备有限公司等单位的大力支持!

本书获中南林业科技大学研究生教材和中南林业科技大学教务处教材出版基金资助!感谢国家自然科学基金委员会资助项目(31470659)和国家林业局 948 项目(2014 - 4 - 09)、湖南省技术创新引导计划(森林火灾扑救技术示范性科普活动与培训 S2018ZCKPZX0010)、湖南省重点研发计划项目(2016SK2025)等项目的支持!感谢林学湖南省重点学科、林业遥感大数据与生态安全湖南省重点实验室、南方森林资源经营与监测国家林业局重点实验室、数字洞庭湖南省重点实验室等对该书出版的支持!

由于编者的水平有限,错误与疏漏之处在所难免,恳请读者予以批评指正。函件请发:liufl680@ 126. com。

编　者

2017 年 12 月于长沙

目　录

第 **1** 章

绪　论

1.1　林火和森林火灾概述

1.1.1　林火、森林火灾与森林防火

林火指在林地上自由蔓延的火，包括受控的火和失控的火。受控的火是指人们有计划地在事先选定的区域内对森林可燃物进行有计划地烧除；失控的火则会造成森林火灾。

森林火灾是指在林地内自由蔓延，失去人为控制，对森林生态系统和人类带来一定危害和损失的林火。森林火灾是一种突发性强、破坏性大、处置救助较为困难的自然灾害。

森林防火就是防止森林火灾的发生和蔓延。

《森林防火条例》按照受害森林面积和伤亡人数，把森林火灾分为一般森林火灾、较大森林火灾、重大森林火灾和特别重大森林火灾：

（1）一般森林火灾

受害森林面积在 1 hm² 以下或者其他林地起火的，或者死亡 1 人以上 3 人以下的，或者重伤 1 人以上 10 人以下的；

（2）较大森林火灾

受害森林面积在 1 hm² 以上 100 hm² 以下的，或者死亡 3 人以上 10 人以下的，或者重伤 10 人以上 50 人以下的；

（3）重大森林火灾

受害森林面积在 100 hm² 以上 1000 hm² 以下的，或者死亡 10 人以上 30 人以下的，或者重伤 50 人以上 100 人以下的；

(4)特别重大森林火灾

受害森林面积在 1000 hm² 以上的，或者死亡 30 人以上的，或者重伤 100 人以上的。

本条第一款所称"以上"包括本数，"以下"不包括本数。

1.1.2 林火的两重性

国内外大量研究表明，火对森林生态系统的影响包括：有害和有益影响，具有两重属性。有害作用一般是指火灾对森林生态系统的危害，森林火灾破坏森林生态系统平衡，火烧后森林生态系统难以恢复，如高强度、大面积的森林火灾对森林资源和整个森林生态系统会造成毁灭性的损失，更严重的会对居民生命财产、交通、大气环境和人们日常生活造成影响，因此，森林大火不仅无情毁灭森林中的各种生物，破坏陆地生态系统，而且其产生的巨大烟尘将严重污染大气环境，直接威胁人类生存条件。此外，扑救森林火灾需耗费大量的人力、物力、财力，给国家和人民生命财产带来巨大损失，扰乱所在地区经济社会发展和人民生产、生活秩序，直接影响社会稳定。如今世界各国都把大面积的森林火灾作为重大自然灾害加以预防和控制。从灾害的角度讲，森林火灾是由人为和自然因素引起的失去控制的一种自然灾害。有益火烧可以促进森林生态系统的健康发展，如低强度火烧和营林用火等。有益火烧使森林生态系统的能量缓慢释放，促进森林生态系统营养物质转化和物种更新，有益于森林生态系统的健康，火烧后森林容易恢复。人们常常利用火的有益作用开展有计划有目的的火烧，火已经成为经营森林的一种工具。例如，利用计划烧除减少林内可燃物积累和控制病虫、鼠害，促进森林天然更新；进行炼山造林或利用火烧进行森林抚育，也可以利用火烧促进灌木生长，改善野生动物栖息环境。

1.1.3 森林火灾的危害

众所周知，森林在国民经济中占有重要地位，它不仅能提供国家建设和人民生活所需的木材及林副产品，而且还肩负着释放氧气、调节气候、涵养水源、保持水土、防风固沙、美化环境、净化空气、减少噪音及旅游保健等多重使命，同时，森林还是农牧业稳产高产的重要条件。然而，森林火灾会给森林带来严重危害，森林火灾位居破坏森林的三大自然灾害(病害、虫害、火灾)之首。它不仅给人类的经济建设造成巨大损失，破坏生态环境，而且还会威胁到人民生命财产安全。具体表现在如下的几个方面。

(1)烧毁林木

森林一旦遭受火灾，最直接的危害是烧伤、烧死或烧毁林木，使森林蓄积下降和森林生长受到严重影响。森林是生长周期较长的再生资源，遭受火灾后，其恢复需要很长的时间。特别是高强度、大面积森林火灾之后，森林很难恢复原貌，如果反复多次遭到火灾危害，还会成为荒草地，甚至变成裸地。例如，1987 年"5·6"特大森林火灾之后，生态环境严重破坏，在坡度较陡地段基本变成了荒草坡，再要恢复森林几乎是不可能的。

(2)烧毁林下植物资源

森林除了提供木材以外，林下还蕴藏着丰富的野生植物资源。如东北大兴安岭林区的"红豆"(越橘)和"都仕"(笃斯越橘)等是营养丰富的野果，现已开发了红豆果茶、都仕果酒等天然绿色食品，深受广大消费者的青睐；利用黄芪做原料而生产出来的"北芪神茶"，以其营养丰富、无污染、滋补功能强等特点而驰名中外。长白山林区的人参、灵芝、刺五加等是珍贵药材。我国南方的喜树可提炼出喜树碱，喜树碱是良好的治疗癌症的药物；漆树可加工制成漆，不胜枚举，这些林副产品都具有重要的经济效益。然而，森林火灾烧毁这些珍贵的野生植物，或者由于火干扰改变其生存环境，使其数量显著减少，甚至使某些种类灭绝。

（3）危害野生动物资源

森林是各种珍禽异兽的家园。森林遭受火灾后，会破坏野生动物赖以生存的环境。有时甚至直接烧死、烧伤野生动物。由于火灾等原因而造成的森林破坏，我国不少野生动物种类已经灭绝或处于濒危。如野马、高鼻羚羊、新疆虎、犀牛、豚鹿、朱鹭、黄腹角雉、台湾鹇等几十种珍贵鸟兽已经灭绝。另外，大熊猫、东北虎、长臂猿、金丝猴、野象、野骆驼、海南坡鹿等国家级保护动物也面临濒危，如不加以保护，有灭绝的危险。因此，防治森林火灾，不仅是保护森林本身，同时也保护了野生动物，进而保护了生物物种的多样性。

（4）引起水土流失

森林具有涵养水源、保持水土的作用。据测算，每公顷林地比无林地能多蓄水 $30\ m^3$。$3000\ hm^2$ 森林的蓄水量相当于一座 $100 \times 10^4\ m^3$ 的小型水库。因此，森林有"绿色水库"之美称。林地表面海绵状的枯枝落叶层不仅具有减少雨水冲击作用，而且能吸收大量水分；森林庞大的根系对土壤的固定作用，使得林地很少发生水土流失现象。森林火灾过后，森林的这种功能会显著减弱，严重时甚至会消失。因此，严重的森林火灾不仅引起水土流失，还会引起山洪暴发、泥石流等次生灾害。

（5）使下游河流水质下降

森林多分布在山区，山高坡陡，一旦遭受火灾，林地土壤侵蚀、水土流失要比平原严重得多。大量的泥沙会被带到下游的河流或湖泊之中，引起河流淤积，并导致河水中养分的变化，使水的质量显著下降。河流水质的变化会严重影响鱼类等水生生物的生存。颗粒细小的泥沙会使鱼卵窒息，抑制鱼苗发育；河水流量的增加，加之泥沙混浊，会使鱼卵遭到破坏。此外，火烧后的黑色物质（灰分等）大量吸收太阳辐射，使得下游河流水温升高，鱼类容易染病。特别是喜欢在冷水中生存的鱼类，常常大量死亡。

（6）导致空气污染

森林燃烧会产生大量的烟雾，其主要成分为二氧化碳和水蒸气，约占所有烟雾成分的 $90\% \sim 95\%$；另外，森林燃烧还会产生一氧化碳、碳氢化合物、碳化物、氮氧化物及微粒物质，约占 $5\% \sim 10\%$。除了水蒸气以外，所有其他物质的含量超过某一限度时都会造成空气污染，危害人类身体健康及野生动物的生存。1997 年，发生在印度尼西亚的森林大火，燃烧了近一年，森林燃烧所产生的烟雾不仅给其本国造成严重的空气污染，而且影响了新加坡、马来西亚、文莱等邻国。许多新加坡市民不得不佩戴防毒面具来防止烟雾的危害。

（7）威胁人民生命财产安全

森林火灾常造成人员伤亡。全世界每年由于森林火灾导致千余人死亡。1871 年发生在美国威斯康星州和密歇根州的一场森林大火烧死 1500 余人；1987 年大兴安岭的一场大火烧死 200 余人；2017 年美国加州森林大火导致 40 余人死亡。此外，森林火灾还会给人民财产带来危害。林区的工厂、房屋、桥梁、铁路、输电线路、畜牧、粮食等常常受到森林火灾的威胁。例如，1987 年大兴安岭特大森林火灾烧毁 3 个林业局址(城镇)、9 个林场场址、4 个贮木场(烧毁木材 8.5×10^5 m³)、桥梁 67 座、铁路 9.2 km、输电线路 284 km、房屋 6.4×10^4 m²、粮食 3.25×10^6 kg、各种设备 2488 台，直接经济损失 4.2 亿元人民币。

1.2　世界森林火灾形势

森林火灾是世界发生面广、破坏性大、处置救助十分困难的自然灾害之一。森林火灾不仅烧毁林木，减少森林面积，而且严重破坏森林结构和森林环境，导致森林生态系统失去平衡，甚至威胁人民生命财产安全，影响社会稳定和国家安全。当今，世界各国都十分重视森林防火工作，尤其是美国、加拿大、澳大利亚及欧洲主要国家，在林火管理水平、经费投入、防控能力方面均处于世界领先地位，但是全球森林火灾仍然频发。

1.2.1　全球森林火灾形势

2010 年，俄罗斯遭遇近 130 年以来最热的夏季，持续的高温和干旱使俄罗斯中部地区的大片森林、灌木丛极度干燥，引发了森林大火。仅 7 月俄罗斯境内就报告了 500 处着火点，40 人死亡，数千人被迫离开家园。俄罗斯总统梅德韦杰夫已经宣布 7 个地区进入紧急状态，大火形成的浓烟飘至首都莫斯科，红场上空被灰蒙蒙的烟尘笼罩。2017 年 5 月 11 日，俄罗斯多地森林遭到大火席卷，火势已远超加拿大，有 8 个联邦行政区内的 116 处森林发生火灾，其中尤以远东地区和西伯利亚地区的森林大火最为严重。有数据表明，2017 年俄罗斯森林大火过火面积已超过 100×10^4 hm²，大约 10 000 km²。2017 年 5 月 15 日，俄罗斯远东联邦区林业局一昼夜记录 25 起森林火灾，过火面积达 743.3 hm²。西伯利亚地区发生了严重的森林大火，火灾目前已造成 3 人死亡，近两百间民宅被毁，500 多人无家可归。森林大火主要集中在克拉斯诺亚尔斯克边疆区和伊尔库茨克州。2013 年 7 月，美国西部亚利桑那州亚内尔山森林火灾导致 19 名消防队员丧生。2015 年 9 月，美国加利福尼亚州北部森林大火肆虐，侵袭超过 155 km² 的土地，致 4 名消防员受伤、数千居民撤离。2016 年 5 月，发生在加拿大阿尔伯塔省麦梅里堡的森林火灾持续了 20d，过火面积超过 100 km²，出动 1100 多名消防员、145 架直升机、148 部重型机械以及 22 架灭火飞机对林火实施扑救，开启了救火的"国家模式"。2016 年 6 月 17 日，美国圣塔芭芭拉遭遇森林大火；6 月 21 日，美国圣地亚哥遭遇森林大火，过火面积高达 6000 hm²；6 月 22 日，美国科罗拉多州一废弃的铁路高架桥着火。美国南加州及西部地区高温导致多地发生森林大火，当地大批民众被迫撤离；7 月 30 日，一场森林大火烧毁了美国盐湖城羚羊岛上的大片森林，加利福尼亚州大苏尔海滩至少 60 户住宅因此被毁；8 月 16 日，洛杉矶以东约 75t 的森林群落再度发生火灾，为逃离快速蔓延的熊熊烈火，超过 8.2 万人接到消防提示后相继撤离家园，火灾破坏面积超出 4000 英亩[*]，且自火灾爆发以来，烧毁了小社区的 175 个家庭和企业。在圣路易斯·奥比斯波县发生的火灾蔓延面积多达 6400 英亩，摧毁了 12 个

---

[*]　1 英里 = 1609.34 m；1 英亩 ≈ 4046.86 m²。

房屋和建筑结构，并烧伤了近20人；8月18日，美国加州森林火灾持续，浓烟弥漫，调动直升机参与灭火行动；8月23日，美国瓦尔登比弗河大火席卷当地，森林被焚。

2017年5月20日，美国加州圣迭戈市的哈穆尔发生森林大火，过火面积超过400 hm²；5月28日，美国洛杉矶布伦特伍德地区发生山火；10月，美国加州北部地区史上最惨烈的连环山火肆意蔓延了10余天，导致7000栋建筑被毁，40余人死亡。2017年12月，美国加州南部发生大规模山火，并在数小时内烧毁超11.6×10⁴英亩的土地，鉴于风速过快，南加州当局甚至发出了史上最高级别的"紫色"预警。

2017年5月，智利爆发史上最严重森林大火，国家进入紧急状态。2017年5月，日本多地发生森林大火，其中东北部地区的福岛县、岩手县等地火情最为严重。2017年5月，韩国东部江原道江陵、三陟地区发生的山火，投入直升机30架，灭火人员7500名。葡萄牙2017年遭遇近90年来的干旱季节，森林火灾频发。2017年6月17日，葡萄牙中部大佩德罗冈地区发生严重森林火灾，致64人死亡、250人受伤；10月15日以来，北部和中部地区发生数百起森林火灾至少42人死亡、71人受伤。

1.2.2 我国森林火灾特点

我国位于亚洲东部，太平洋西岸，南起海南省南海曾母暗沙群岛（北纬3°43′），北至黑龙江省河县北极村（北纬53°32′），横跨近50个纬度；东为黑龙江省抚远县的乌苏里江与黑龙江的交汇处（东经135°00′），西至新疆维吾尔自治区帕米尔高原的乌孜别里山口（东经73°36′），跨近62个经度。地势西高东低，地貌类型多样，气候类型复杂。全国大部分地区位于亚热带和北温带之间，属东亚季风气候。冬季寒冷干燥，南北温差可达40℃；夏季高温多雨，温差小。降水自东南向西北由1500 mm递减至50 mm以下。我国植被分布具有明显的"三相性"，即纬度地带性、经度地带性和垂直地带性。森林分布从南向北依次为热带雨林、季雨林、亚热带常绿阔叶林、暖温带落叶阔叶林、温带针阔混交林和寒温带针叶林。植被由东向西依次为森林、森林草原、草原和荒漠。在亚热带地区由于青藏高原的突起，植被由低到高依次为森林、高山草甸、高山草原和高山荒漠。由于地理、气候、植被等差异，加之各地经济、社会等的不同，全国各地森林火灾时空分布具有明显的差异。

(1)人均森林资源少，火灾严重

第八次全国森林资源清查结果显示，全国森林面积2.08×10⁸ hm²，森林覆盖率21.63%，森林蓄积151.37×10⁸ m³。人工林面积0.69×10⁸ hm²，蓄积24.83×10⁸ m³。我国森林面积占世界森林面积的5.15%，居俄罗斯、巴西、加拿大、美国之后，列第5位；人工林面积继续位居世界首位，然而我国人均森林面积约0.15 hm²，相当于世界人均占有量的1/4。1950年以来，中国年均发生森林火灾1万余起，表明我国是森林火灾较严重的国家之一。2017年5月17日，陈巴尔虎旗那吉林场发生森林火灾，火场过火面积超8400 hm²，国家森林防火指挥部共调集兵力9000余人进行扑救。5月19日，吉林省长白山自然保护区双目峰附近接连发生两起森林火灾。2017年5月27日，内蒙古大兴安岭北部原始林区永安山林业局毛河林场、乌玛林业局乌源林场几乎同时发生森林火灾，16:00左右，内蒙古大兴安岭北大河林业局温河生态功能区又发生一起森林火灾。27日大兴安岭地区一天内发生 3 起森林火灾，由于发现及时，迅速扑救，火情均得到有效控制。

（2）森林火灾分布不均，东部多西部少

我国森林分布从东北的大兴安岭南下直至西南部的青藏高原前缘，以 400 mm 降水线为界，大致将国土分为面积相等的东西两部分。东部为森林分布区，西部为草原、荒漠分布区。东部的森林占全国森林面积的 98.8%；西部森林仅分布在青藏高原，且多分布在谷地和新疆山地，占全国森林面积的 1.2%。

从森林火灾指标分析，1950—1989 年东部森林火灾次数为 628 303 次；西部为 5912 次，分别占全国森林火灾总次数的 99.07% 的 0.93%。森林过火总面积东部为 3579.12 × 10^4 hm^2；西部为 11.75 × 10^4 hm^2，分别占全国过火森林总面积的 99.67% 和 0.33%。森林火灾东多西少主要原因有两个：一是我国森林主要分布在东部；二是东部人口密度大，人类活动频繁，人为火源多。东部的森林多为连续分布，西部多为间断分布。因此，我国东部地区森林火灾次数和面积明显多于西部。

（3）森林火灾次数南方多于北方

我国南方省（自治区、直辖市），如云南、广西、广东、海南、福建、江西、湖南、贵州、四川等地，每年森林火灾次数占全国森林火灾发生总次数的 80% 以上，全国其他地区仅占 10% 以上。不难看出，我国森林火灾次数主要集中在长江以南的一些省（自治区、直辖市）。南方主要林区多为低中山地和丘陵地带，人烟稠密而分散，交通不便；多为农林镶嵌区，生产、生活用火多。大多数森林火灾由农业生产用火不慎所引起。

（4）森林火灾面积主要集中在东北和西南两大林区

我国黑龙江、内蒙古、云南、广西、广东、福建、贵州 7 个省（自治区）森林受害面积占全国总受害森林面积的 87% 以上。其中：东北的黑龙江、内蒙古和西南的云南、广西的 4 省（自治区）过火森林面积占全国过火森林总面积的 72%。不难看出，我国森林火灾过火面积主要集中在东北和西南两大林区。东北林区地处我国最北部的高寒区，人烟稀少，交通不便，有些地方百里无人。森林火灾发生后，一是不能及时发现、及时报警；二是交通不便，扑火人员不能及时赶到火场进行扑救，往往酿成大火和特大森林火灾。加之受典型大陆性气候的影响，春秋两季干燥，风大，植被的易燃性很高。这也是该区森林大火连年不断的重要客观条件。特别是"呼大黑"地区（"呼"指内蒙古的呼伦贝尔盟；"大"指大兴安岭林区；"黑"指黑龙江省黑河地区），是东北林区的重中之重。这 3 个地区每年受害森林火灾面积约占全国的 60%。绝大多数森林大火都发生在这一区域。西南林区地处我国西南的云南、广西、四川等省（自治区），多高山峡谷，一旦发生森林火灾难于扑救，小火也常酿成大灾。另外，西南林区由于交通不便，山高坡陡，扑火时常常会造成人员伤亡。例如，1986 年发生在云南省安宁县和玉溪市的森林火灾，过火面积超过 2000 hm^2，在扑火过程中烧伤 99 人，烧死 80 人，损失十分惨重。

（5）规模较小的火灾基本能得到控制

我国森林火灾 90% 以上为火警和一般森林火灾，其过火面积仅占全国森林火灾面积的 5%。也就是说，在我国有 90% 的火灾能得到及时控制。而难于控制或失去控制的森林大火灾和特大森林火灾，虽然次数不足森林火灾次数的 10%，但其过火森林面积约占总森林过火面积的 95%。我国同世界许多国家一样，对控制森林大火尚无良策。

1.3　森林火灾现场的基本形态

1.3.1　火场

火源在林内出现以后，首先把火源附近的可燃物加热、烤干，达到燃点，燃烧起来，产生林火。林火发生以后，在火环境(气象、可燃物和地形条件)中不断蔓延开来。森林可燃物在燃烧过程中放出大量的热，促使燃烧处附近的可燃物迅速干燥、升温，达到燃点，又开始燃烧起来。前者燃烧完毕变为灰烬，后者开始继续燃烧，循环下去，不断地向四周扩展，经过一定时间，燃烧点就形成一条燃烧线，即为所谓的火线，火线围起来的地方就是火场。

1.3.2　火蔓延形状

在火场上，火线所围成的形状就是火场形状，火场形状是不规则的。林火的蔓延扩展受火环境的影响：一是气象条件，如降水、温度、相对湿度和风；二是可燃物条件，如可燃物种类、形状、载量和配置等；三是地形条件，如坡度、坡向、坡位等。因诸多条件的组合是千变万化的，所以火场形状也是变化多样的，从来没有两个完全一样的火场。

林火蔓延主要取决于风和地形。在地形平坦而又无风时，火场各个方向等速蔓延，其形状近似圆形。风向较稳定时，火场形状为长椭圆形。当风向不稳定，呈小角度(30°~40°)摆动时，火蔓延多呈扇形。当遇到地形起伏时，火在谷地间蔓延缓慢，而在山的侧脊蔓延快，形成"V"字形。当风向改变时，原来的火翼或火尾有可能变为火头，火场呈不规则形状。

林火蔓延的形状因风向、风速、地形、植被类型和分布不同而异，但仍然有一定的规律。研究、了解、掌握其基本规律对扑救森林火灾极为重要。

根据我国林火专家王正非的研究，在平地，林火初期蔓延的形状有静风型、强风型、风向摆动型(图1-1)。

阿鲁比尼(1976)研究了不同风速下平地林火蔓延的形状(图1-2)。

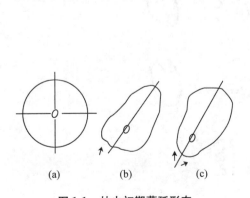

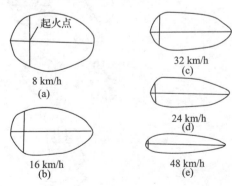

图 1-1　林火初期蔓延形态
(a)静风型　(b)强风型　(c)风向摆动型

图 1-2　不同风速下的火场形态

如果风向切变，火场形状随即改变(图1-3)。特大森林火灾的火场面积大，有多个火头，形成火峰和火谷，还有未燃烧的岛状区和飞火燃烧区(图1-4)。

俄罗斯巴列金科研究了俄罗斯山地大火场的形状，根据航测和宇航照片分析，提出了10种典型火场形状(图1-5)。

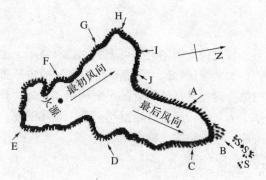

图1-3　风向多变的火场形态

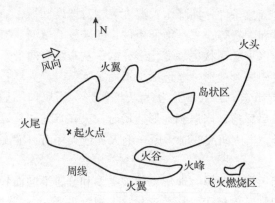

图1-4　火场形态

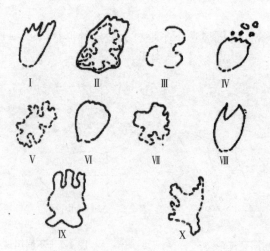

图1-5　俄罗斯山地大火场的形状

在图 1-5 中：

Ⅰ为拉长的椭圆形，火线以凸出状向前蔓延，火尾经常被切断或根本没有，火周的增长几乎全靠火头的快速蔓延；

Ⅱ为火场上有成堆倒木的椭圆形，燃烧过程分成 2 个阶段，即开始是地表火，主要燃烧草本类，火浪过去后，阴燃逐渐深入到腐殖质—泥炭层，开始第二阶段的燃烧；

Ⅲ为断片状，由各个互不连接的火周连成一个总的火场，这种形状发生在森林植被条件极端不一致的地方；

Ⅳ为斑点状，主火场可能有各式各样的形状，但火头前方有多个燃烧点，各个燃烧点在发展过程中相融合，极大地增加了火灾蔓延速度；

Ⅴ为阿米巴状，这种形状的火场主要发生在被排水的泥炭地，火场没有形成各个明显的具体部分，火线的移动速度取决于泥炭的含水量和泥炭层的厚度；

Ⅵ为马蹄形，这种火场经常没有火尾，主要发生在疏密度高和中等的林分，这里可燃物载量不多，可燃物种类比较单一；

Ⅶ为星状，是由于燃烧期较长、风向改变、可燃物不一致、地形变化等条件的影响形成的火场，主要发生在低山区和中等高度山区；

Ⅷ为火焰状，沿分水岭分叉的陡坡快速蔓延形成的火场；

Ⅸ为手掌状，是火从宽阔的盆地向各细谷蔓延形成的形状，主要发生于高原地带；

Ⅹ为分枝状，当长期燃烧时，火场从手掌状逐渐形成分枝状，这是由蔓延在细谷顶部的各个火头联合成一个总的火场。

1.3.3 火场各部位的名称

为了区分开火场的各个部分，一般把火场各部的名称规定如下：

①火边 即在某一时刻林火燃烧范围的边界。

②火边周长 火边的总长度。

③火头 火边的一部分，比其他部位蔓延快，燃烧激烈，在平缓地带，火头往往位于火场顺风方向的一端；在山坡上，往往位于向山上燃烧的那个部位。火头代表着火场的主要蔓延方向。

④火尾 是和火头相比较而言的，火尾蔓延较慢，燃烧强度较低，甚至有时还可能自消自灭。

⑤火翼 是指火头和火尾中间的部分火边。

⑥火边舌部 蔓延速度仅次于火头而突出火场主体的那一部分火边。也可以将它称为"小火头"。

⑦火边谷部 谷部与舌部是相比较而言的，这一部分火边凹于火场主体中。

⑧被遏制火线 被扑火队员截住了但是尚未全面得到控制的火线。

⑨被控制火线 被人工或天然阻隔带完全包围起来的火线，或是被扑火队员扑灭了明火、已经完全控制起来的火线。

1.4 森林防火的重要性

（1）森林防火是保护自然资源的需要

森林中蕴藏着十分丰富的野生动植物资源。特别是在大面积国有林区、自然保护区、森林公园及风景名胜区，分布有多种古树名木、名花异草及珍禽稀兽。所有这些都是人类不可多得的宝贵财富。然而，森林火灾能将这些宝贵资源付之一炬。因此，防止森林火灾就是保护自然资源。

（2）森林防火是保护生态环境的需要

森林是陆地上下垫面最高、范围最大的生态系统。森林是人类及野生动物赖以生存的良好环境。众所周知，森林在维持和保护生态环境方面具有十分重要的作用。然而，森林火灾会使森林的这些功能减弱，甚至消失。因此，防止森林火灾就是保护生态环境。

（3）森林防火是保护森林发展林业的需要

森林火灾是森林三大自然灾害之首，防止火灾就是保护森林。森林是发展林业的基础，没有森林就没有林业。我国是少林国家，森林覆盖率仅为21.63%，远远低于世界的平均水平。因此，在保护好现有森林资源的基础上，广泛开展植树造林、绿化国土仍是我国林业所要做的主要工作。国家为了保护现有天然林，制定了严格控制对天然林采伐的政策，并由国家财政增加对林业的投入，为我国林业的发展提供了保障。然而，森林火灾在短时间内烧毁大片森林，不利于林业的发展。因此，森林防火是保护森林资源和发展林业事业的基础工作。

（4）森林防火是维护林区社会安定的需要

在林区，森林防火关系到千家万户，森林是林区人民赖以生存的物质基础。森林火灾会使森林遭受破坏，甚至消失，给林区人民生产生活带来困难。另外，森林火灾还会直接威胁林区人民的生命财产安全。严重的森林火灾不仅能造成人员伤亡，而且还会毁坏房屋等建筑，使人们失去家园。1987年大兴安岭特大森林火灾，不仅造成了200余人死亡，同时使5万余人无家可归，这些人的衣食住行等成了非常严重的社会问题。因此，森林防火要防止意外因素引发的森林火灾，维护林区社会安定。

思考题

1. 简述林火、森林火灾与森林防火的区别与联系。
2. 阐述森林火灾的危害与森林防火的重要性。
3. 新形势下森林防火有哪些特点？
4. 简述我国森林防火组织机构构成。
5. 如何搞好森林防火宣传教育工作？

第2章

森林燃烧的条件及灭火原理

2.1 火源

火源是林火发生的主导因素。森林火源一般可以划分为自然火源和人为火源两大类，而人为火源又分为生产性火源、非生产性火源及其他火源三类。

2.1.1 自然火源

自然火源是指能引起森林火灾的自然存在的火源。例如，雷击火、火山爆发、陨石降落、滚石火花和森林可燃物自热自燃等均属自然火源。

从世界各国看，自然火源以雷击火为主。美国、加拿大、俄罗斯、澳大利亚等国雷击导致的林火较多，造成的损失较重。我国的雷击火主要发生在黑龙江的大兴安岭、内蒙古的呼伦贝尔盟和新疆的阿尔泰山区，其中大兴安岭和呼盟林区尤为突出。雷击火的发生是有条件的，它主要发生在有雷电而没有降雨的天气，俗称"干雷暴"，而且还与可燃物状况有关。

2.1.2 人为火源

人为火源是人为因素引起森林火灾发生的火，主要来自于人类对火的应用，是森林火灾发生的主要火源。根据世界各国森林火灾资料统计，人为火源占总火灾次数的90%以上，如俄罗斯占93.0%，美国占91.3%，中国多年平均则高达98.0%以上。人为火源的种类很多，较自然火源复杂得多，一般可分为三大类：

（1）生产性火源

生产性火源是指人们在生产活动中用火不慎的跑火、漏火等。例如，烧防火线、烧采伐剩余物、烧沟塘草甸、林内计划火烧、造林炼山、油锯或割灌机喷漏火等林业生产用火;烧垦、烧荒、烧田埂、烧秸秆、烧灰积肥、火烧改良草场等农牧业生产用火;林区烧炭、烧砖瓦、烧石灰、火车爆瓦、汽车喷漏火、施工爆破及冶炼等。许多地区生产性火源占人为火源的比重相当大,一般为60%~80%,有的高达90%。

(2)非生产性火源

非生产性火源主要指人们因生活需要,用火不慎导致森林火灾的火源。例如,野外吸烟、上坟烧纸、燃放鞭炮、烤火、野炊、烧开水、驱蚊虫、驱避野生动物侵袭、烟囱跑火、小孩玩火等。这种火源引起的火灾主要是人们疏忽大意或防火意识淡薄造成的,在国内外占的比重都很大。例如,瑞典占56.0%、法国占31.2%、意大利占18.7%、前联邦德国占57.5%、美国占27.9%。

野外吸烟是不可忽视的火源。例如,加拿大烟头引起的森林火灾占15.3%;希腊1964—1981年统计,烟蒂引起的火灾次数占13.2%。在我国,随手丢弃的烟头所导致的林火在各省(自治区、直辖市)都很普遍。随着我国旅游业的兴起和发展,游客在林内用火不慎造成的火灾也在增加。

我国的祭祀火源自20世纪80年代起,一直呈上升趋势。祭祀火源不仅地域上已经遍及全国各地,时间上也不仅仅局限于清明节,各式各样的祭祀、悼念活动已经使得我国全年12个月均有此类火源引发的森林火灾。例如,我国2004年1~8月已查明火因的10 121起森林火灾中,仅因为上坟烧纸就占17.5%。

(3)其他火源

其他火源主要指有意纵火和国境地区的外来火,还有就是"痴、呆、傻"等用火。有意纵火在国外较多,有人因对社会、对林场主不满而故意放火酿致成灾,也有失业者为得不到雇佣而故意纵火。2017年2月12日,地处南半球的澳大利亚十分炎热,新南威尔士州发生了一起森林纵火案,肇事者里奇竟然是一名前消防队员,现年32岁,育有两个不到10岁的孩子,当天气温超过40℃,过火面积30 000 m²,放火动机是为了满足孩子们喜爱看消防车灭火的愿望。估计面临两项纵火罪的指控,任何一项指控都是最高刑期达15年的重罪。据22个欧洲国家1978—1979年统计,有意纵火占已知原因火灾的50%、葡萄牙占85%、西班牙占70%、意大利占54%。而美国有意纵火占30%,中国仅占0.2%~0.3%,但有上升趋势。

2.2 森林可燃物

2.2.1 森林可燃物分类

森林可燃物是指森林和林地上一切可以燃烧的物质,如树干、枝、叶、树皮,灌木、草本、苔藓,地表枯落物、土壤中的腐殖质、泥炭等。而林火行为与林火强度则取决于可燃物床层的物理、化学特性和生物因素,以及这些可燃物在水平方向与垂直方向上的连续性。

可燃物种类是依据其某一特征区分出来的可燃物类别，可燃物是引起特定类型林火行为的潜在因素。

2.2.1.1　按物种区分进行分类

按物种区分为地衣、苔藓、草本、蕨类、藤本、灌木和乔木：

（1）地衣

一种容易燃烧的可燃物，其着火温度低，是森林中的主要引火物之一。地衣湿度变化很大，在降雨时可达 272.2%，雨后第二天约 40%~50%，再过 5~7 d 湿度降低到 7.3%。

（2）苔藓

多生长在阴湿的密林下，吸湿性强，不易着火。只有在连续干旱的年份才能燃烧。苔藓的燃烧性因立地条件的不同而不同。生长在沼泽地上的泥炭藓一般不易燃。生长在树干、树枝上的藓类较干燥易燃。如树毛和平藓有引起树干火和树冠火的危险。藓类燃烧持续时间长，蔓延较慢，伴生在树根和树干附近的苔藓的燃烧危害较大。

（3）草本

生长季节含水量高，一般不易燃烧，而在非生长季节则干枯易燃烧。不同种类的草本植物的燃烧性差异较大，一般情况下，禾本科的草类较易燃，莎草科和菊科的草类次之，醡浆草科、虎耳草科、百合科草类较不易燃烧。1 年生草类易燃，多年生草类较不易燃。阳性草类易燃，阴性草类较不易燃。

（4）藤本植物

藤本植物是热带和亚热带常见的植物，热带雨林中更多，一般情况下，藤本不易燃烧，是引起树冠火的主要中间层可燃物。

（5）灌木

为多年生木本植物，含水量较高，较不易燃，有些灌木常常因霜雪冰冻致死，变得易燃，如胡枝子。灌木的生长状况和分布情况影响燃烧性。通常丛状灌木比散生灌木更有利于林火蔓延，与杂草混生的灌木林易燃。

（6）乔木

通常针叶树较阔叶树易燃；落叶树种较常绿树种易燃；喜光性树种较耐阴树种易燃；含油脂和挥发性油较多的树种易燃。另外，乔木的燃烧性与林分年龄、郁闭度、树种组成和层次有关。通常林木随着年龄的增大抗火能力增强；林分以中幼龄最易燃，成林后燃烧性降低，过熟林分的燃烧性又增加。林分郁闭度越大，林内湿度大，其燃烧性越低。林分的组成中随着针叶树种所占的比重增加燃烧性增加。复层林较单层林的燃烧性增加，而且容易使地表火上升为树冠火。

2.2.1.2　根据可燃物在林内的相对位置分类

一般划分为地下可燃物、地表可燃物和空中可燃物 3 类。

（1）地下可燃物

由土壤有机物、泥炭和树根、燃烧过的木质可燃物组成。通常，掉下的树叶，脱落的树皮堆积在树的基部，最后形成较厚的有机物层，细根、外生菌根和地面植物就会增加。地下可燃物的燃烧方式通常是无焰燃烧或称阴燃，有可能燃烧数小时，几天，甚至几周，因为其持续时间长，无焰燃烧会导致土壤破坏、树木死亡、浓烟散布。

（2）地表可燃物

地表可燃物通常是指距离地面 1.5 m 以内的所有可燃物，由草、灌木、杂物、木质可燃物组成，地表可燃物的直径大小及分布是影响地表火行为的关键因素。其次是可燃物的厚度、连续性和理化性质。地表可燃物的组成物质复杂，有采伐剩余物、抚育间伐剩余物、自然灾害遗留的可燃物以及灌草等，高强度的地表火有可能点燃上层树冠。

（3）空中可燃物

空中可燃物是指森林中距离地面 1.5m 以上的树木和其他植物。主要由活的、直径小于 1 cm 物质组成，这类可燃物是发生树冠火的物质基础，可以由地表火经未燃尽的灌木、小树等过渡可燃物传播，从树冠到树冠进行传播。地表可燃物离树冠基部的垂直距离较大，只有在地表火强度大或持续时间长的情况下才能发生树冠火。树冠火一旦发生，如果树冠密度大，其传播就可能更强。

2.2.1.3　按可燃物床层结构分类

了解可燃物床层结构，及其对于林火发生与蔓延所起的作用，是火灾管理的关键。

可燃物通常可分为 6 层：①树冠层；②灌木、小树；③低矮植物；④木质可燃物；⑤苔藓、地衣、落叶；⑥地下可燃物、腐殖质。同时，每一层根据可燃物形态学、化学和物理学特征以及相对丰富度分成不同的层次范围，任一层可燃物的变化，都会影响林火行为。

另外，可燃物还可以按分布区分为均匀的、混合的、分散的、断条的可燃物；按生活力分为活的和死的可燃物，死可燃物又分为 1h 时滞可燃物、10h 时滞可燃物、100 h 时滞可燃物。

2.2.2　森林可燃物的燃烧性

2.2.2.1　森林可燃物的物理性质

（1）表体比

表体比是物体的表面积与体积之比，其比值越大越容易燃烧。因此，粗、厚的可燃物不易燃烧，而细、薄可燃物易燃。细小可燃物表面积大，受热面大，温度上升快，氧气供应充分，燃烧就容易。人们生火时把柴劈细就是增加可燃物表体比。

（2）密实度

可燃物的密实度是可燃物组织内部结构的密实度和可燃物之间搭配的密实度。可燃物组织内部结构的密实度称为可燃物的密度，密度小的易燃而密度大的不易燃烧，但燃烧时的发热量大。

可燃物之间搭配的密实度以紧实度（kg/m³）或孔隙度（可燃物占据的空间与可燃物体积的比值）表示。紧实度的大小影响到氧气供应的好坏和传热状况。紧实度有一个最佳值，称为最适紧实度。紧实度处于最佳值时，燃烧反应速度最快，火强度大。粗厚的可燃物最适紧实度的值较细薄的要大，即粗厚的可燃物需要紧密地堆在一起，细薄的可燃物需要疏松的空间才能更好地燃烧。如原木紧紧地堆在一起时燃烧得最好，如将其分开，距离超过其直径，可能会熄灭。相反，刨木花在排列疏松时燃烧得最好，将其压实，燃烧速度和强度降低。阔叶树种的落叶层孔隙度较针叶树的落叶层大，所以前者较后者易燃。自然生长的草本和蕨类植物紧实度接近最适紧实度，因此最易燃烧。

森林中的树干是竖直生长的，树木枝叶有斜向和横向生长的，林中倒木和枯枝是横卧或斜卧在地上的，落叶有平置和竖置的，它们自身状态不同，燃烧程度也不相同。以木条为例，火焰蔓延的速度与木条轴线和垂直方向的夹角成反比。如划火柴，火焰顺火柴杆向上燃烧速度最快，横向较慢，向下最慢。木材的纤维结构有方向性，顺纤维结构导热系数较横向纤维结构的要大，所以顺纤维结构的较横纤维结构的燃烧点燃所需要的热量多。顺纤维结构燃烧时，热分解产生的可燃气体不易逸出，因纤维的横向透气性极差，挥发分只有依靠自身积聚的压力使木材爆裂才能逸出，由于挥发分受阻，所以燃烧速度较慢。横纤维结构燃烧时，热分解产生的可燃气体顺纤维方向逸出供给气相火焰，气相火焰传给木材的热量就多，燃烧速度快。森林火灾中站杆不易燃、倒木易燃就是这个道理。

（3）可燃物的含水量

可燃物含水量越大越不易燃烧。因为水分有很大的热容量（1 g 水温度升高 1℃需要 4.18 J 的热量），水分蒸发时要消耗大量的热量（1 g 水汽化需要 2257 J 的热量）。可燃物含水量的表达方式：

①相对含水率

$$相对含水率（\%）= \frac{湿重 - 干重}{湿重} \times 100$$

②绝对含水率

$$绝对含水率（\%）= \frac{湿重 - 干重}{干重} \times 100$$

干重是指用烘箱在 105℃的情况下烘至不含水分的绝对干燥状态下的重量。

③平衡含水率　指一定温度和湿度条件下，可燃物既不散失水分又不吸收水分时的含水率。超过平衡含水率的初始自然含水率下降到原来值的 1/e（36.8%）所需的时间，或使初始含水率减少 63.2% 所需的时间称为时滞。例如，某可燃物的初始含水率为 200%，当其含水率下降到 200% ×0.368 =73.6% 时所需要的时间，即某可燃物的时滞。

时滞是指不同种类可燃物含水率对外界环境的反应速度。时滞小的可燃物种类对环境变化反应快，时滞大的可燃物种类对环境条件反应慢，这与可燃物本身的结构及大小密切相关。一般细小可燃物容易散失水分，其时滞短；短大的可燃物不易散失水分，其时滞长。如可燃物的直径小于 6.34 cm，时滞为 1 h，直径为 6.35~25.4 cm，时滞为 10 h，直径越大时滞越长。

④熄灭含水率　指在一定温度、湿度和风速的条件下一定热源作用于一定量可燃物，一定时间后，可燃物能够维持有焰燃烧的最大含水率。熄灭含水率越高的可燃物越易燃烧。

（4）可燃物的发热量

发热量即单位质量或体积风干状况下可燃物完全燃烧时所释放出的热量，又称热值，单位为 J/g 或 kJ/kg。可燃物的热值分为高热值和低热值。高热值为实验测得的，包括燃烧生成水蒸气冷凝放出的热量；低热值不包括燃烧生成水蒸气冷凝放出的热量，火场上燃烧生成的水蒸气多随风飘散，一般都是用低热值。

森林可燃物平均低热值为 18 263 kJ/kg，木本植物的在 16 700 kJ/kg 以上，禾本科杂草为 12 500~16 700 kJ/kg，地衣苔藓为 8400~12 500 kJ/kg。木本植物中针叶树发热量较高为 20 900 kJ/kg，阔叶树次之。针叶树以针叶发热量最大，其次是树枝，再次为木材部分。阔叶树以树皮发热量最高，其次是树叶，再次为枝条。可燃物的发热量与含水率成反比。含水量越高，发热量越低；含水量越低，发热量越高。

2.2.2.2　森林可燃物的化学性质

森林可燃物由于其化学性质不同，所以燃烧性也不同。

（1）森林可燃物的元素组成不同

不同可燃物所含 C、H、O 的比例不一样，一般含碳量越多可燃物发热量越大。

（2）森林可燃物基本成分不同

基本成分为半纤维素、纤维素和木素，它们的热分解性质各异，因此燃烧性也不同。

（3）油脂含量不同

通常认为油脂含量多的可燃物易燃，发热量大。一般针叶树含油脂量较高，阔叶树含油脂量较少，草本含油脂量最少。

（4）可燃物含挥发性油量

挥发性油是一种易挥发的易燃芳香油。挥发油含量越高越容易燃烧。

（5）各种森林可燃物的可燃气体含量不同

可燃气体含量多的燃烧火焰高，火强度大。乔木树种的可燃气体含量为 20%～50%、草本为 10%～30%、灌木为 10%～20%、地衣苔藓类为 7%～20%。

（6）森林可燃物的灰分含量不同

灰分含量指可燃物矿物质含量。一般认为森林可燃物的灰分含量增加会降低火势。各种矿物质通过催化纤维素的某些反应，增加木炭和减少焦油的形成，这样就降低了火强度。森林植物的总灰分含量为 0.01%～27.07%、马尾松叶总灰分含量为 2.42%、木荷叶为 3.58%。

2.2.3　南方主要森林植被的燃烧性

森林培育、经营管理和林分改造整个过程，不仅要注重森林资源的质量与效益，同时，也要结合森林经营目标，考虑森林的燃烧性，提高森林的抗火性。森林火灾的发生与蔓延不仅取决于森林可燃物性质，而且与森林不同层次的生物学和生态学特性密切相关。森林的生物学特性，例如，林木组成、郁闭度、林龄、层次结构、季相变化等；生态学特性，例如，地形地貌、海拔、坡度、坡向、小气候等，都可以影响其燃烧性，南方主要森林类型有马尾松林、杉木林、桉树林、常绿阔叶林、针阔混交林，其燃烧性如下：

（1）马尾松林

马尾松林属于常绿针叶林，枝、叶、树皮和木材中均含有大量挥发性油类和大量树脂，极易燃。主要分布低山丘陵地带。该树种多为常绿阔叶林破坏后，马尾松以先锋树种侵入。马尾松耐干旱瘠薄，林下有大量易燃杂草，郁闭度一般为 0.5～0.6。其林下凋落物 10 t/hm² 左右。此外，也有些马尾松林与常绿阔叶林混交形成以马尾松为主的针阔混交林，其燃烧性下降。

（2）杉木林

杉木林的分布区与马尾松相似，也为常绿针叶林，多为大面积人工林，杉木枝、叶含有易燃挥发性油类，加上树冠浓密，枝下高低，大多分布在山下部，其燃烧性比马尾松林稍低。

（3）桉树林

桉树树种生长迅速，几年就可以郁闭成林。但是桉树枝、叶和干均含有大量挥发性油类，桉树幼林叶革质不易腐烂，林地干燥，容易发生森林火灾，林火蔓延速度较快、林火强度大，扑救困难，然而桉树成林枝下高较高，不容易发生火灾。

（4）常绿阔叶林

属于亚热带地带性植被，由于人为破坏，分布分散，郁闭度 0.7 ~ 0.9。林木层次复杂，多层，林下阴暗潮湿，难燃。当常绿阔叶林遭多次破坏，燃烧性增加。

（5）采伐迹地

成、过熟林地经过采伐后形成采伐迹地，随着人类对森林的利用，未经清理的采伐迹地已构成较稳定的可燃物类型。此类型常有大量的阳性杂草，灌木丛生，加之，有大量枝桠、倒木分布，易燃。易燃可燃物 10 ~ 15 t/hm^2，可燃物总负荷约 30 ~ 35 t/hm^2。

2.3　气　象

森林火灾的发生与蔓延无不直接或间接地与气象条件有关。研究森林火灾发生的原因、发展的可能性及采取预防措施，也属于森林气象学的范围。除雷电可以直接引起森林火灾外，高温、干燥是易于成灾的重要气象条件。此外，研究森林中可燃物类型、潜在火行为与气象条件的关系、与森林火灾有关的人工影响天气（降水、雷电）以及森林火险的红外遥感探测方法等，也为各国森林气象工作者所重视。

森林火灾的波动是与不同年份大气环流气候条件变化相关的，厄尔尼诺现象是发生特大森林火灾的因素之一。在特别干旱的年份里，最容易发生大的森林火灾。相反，林区雨水多、温度低、湿度大时火险等级低，发生火灾次概率就小。林内小气候是指由于森林水平和垂直分布的结构不同，因而形成的不同郁闭度的林分内的气候。郁闭度不同，其林内光照、湿度、通风状况也不同，因而影响林火燃烧和蔓延速度。

林火气象主要阐述林火发生、发展与气象条件的关系。林火气象对森林防火极为重要，在扑火过程中，指挥员必须了解和掌握林火气象的规律。

2.3.1　气象因子与林火

气象因子是形成林火气象规律的关键要素。气象因子种类很多，在此仅简单介绍与林火密切相关的一些气象因子。

2.3.1.1　气温

气温高低是随太阳辐射对地球表面的强弱而改变的。太阳辐射是指地球接受来自太阳的电磁波能量，主要是可见光、紫外光和红外光。通常气温是用来表示大气冷热程度的物理量，是指距离地面 1.5 m 高处的空气温度摄氏度（℃）。

空气的冷热程度实际上是空气分子平均动能大小的表现，当空气获得热量时，其分子运动平均速度增大，随之平均动能增加，气温也就升高；反之，当空气失去热量时，其分子运动平均速度减少，随之平均动能也减少，气温也就降低。

大气不能吸收太阳的短波辐射热，大气的热量主要来自地面的长波辐射。每天气温以日出前最低，午后 14:00 左右为最高。

一日内最高气温与最低气温之间的差异，称为气温日较差。气温日较差的大小和纬度、季节、地表性质和天气情况等有密切关系，纬度越低日较差越大，否则相反。空气温度与森林火灾的发生关系较密切，温度直接影响相对温度的变化，日最高气温往往是某一地区着火与否的主要指标。气温升高能加速可燃物的干燥，使可燃物达到燃点的所需热量大大减少。

另外，云量的多少能影响到达地面的太阳辐射，会引起气温的变化。所以云量越多，地面太阳辐射的能量就越少，气温也随之降低，在一定程度上可以减少火灾发生概率。

2.3.1.2　空气湿度

空气湿度是用来表示空气中水汽含量多少或表征空气干湿程度的物理量。可用不同方式来表示空气湿度。

(1)水汽压、饱和水汽压

空气是包含有干气和水汽的混合体。由水汽所引起的那一部分压强，称为水汽压。空气中的水汽含量越多，水汽压就越大。水汽压的单位与气压相同，用百帕(hPa)表示，用百叶箱干湿球观测后查表计算。湿空气中由于水汽产生的压力称为饱和水汽压。

(2)绝对湿度

单位容积的空气中所含有的水汽质量，称为绝对湿度，实际上就是水汽密度。绝对湿度的单位是 g/cm^3 或 g/m^3，它能直接表示出空气中水汽的绝对含量。绝对湿度不能直接测量，只能通过其他的测量间接计算求得。

(3)相对湿度

实际水汽压与同温度下饱和水汽压之比，称为相对湿度，其单位用百分数表示。

相对湿度的大小直接表示出水汽距离饱和的程度，当空气中水汽饱和时相对湿度等于100%，未饱和时相对湿度小于100%，过饱和时相对湿度大于100%。相对湿度越小，表示空气越干燥，森林火险就越高。通常林区处在高火险天气时，相对湿度小于30%以下。

相对湿度的日变化主要取决于气温。气温增高，相对湿度就小；气温下降，相对温度就增大。因此，相对湿度的日变化最高值出现在清晨，最低值出现在午后。

2.3.1.3　降水

从云中降落到地面上的液态或固态水的滴粒，称为降水，如雨、雪和雹等。而霜、露、雾、雾淞等则为水平降水，它们是由间接冻结而成，不是从空中降落地面的。

降落到地面的固态水，不蒸发、不径流、累积的水层厚度，称为降水量，单位以 mm 计算。在单位时间内的降水量，称为降水强度。降水的强度等级见表 2-1。

表 2-1　降水强度等级

降水等级	24h 降水量（mm）	降水等级	24h 降水量（mm）
小雨	0.1~10.0	特大暴雨	>200.0
中雨	10.1~25.0	小雪	<2.4
大雨	25.1~50.0	中雪	2.5~5.0
暴雨	50.1~100.0	大雪	>5.0
大暴雨	100.1~200.0		

降水直接影响可燃物的含水量，特别是对死可燃物的影响最大，如果一个地区的年降水量超过 1500 mm，分布均匀，一般就不会发生或很少发生火灾。例如，热带雨林常年高温高湿，就不容易发生火灾。另外，各月份的降水量不同，发生火灾的情况也不一样。据调查月降水量超过 100 mm 时，一般不发生或少发生火灾。

森林庞大的树冠，能截留部分降水，通常 1 mm 的降水量对林内地被物的湿度几乎没有影响，2~5 mm 的降水量能使林地可燃物湿度大大增加，雨后一般不会发生火灾，即使林火发生也会降低火势或使火熄灭。

降雪会增加林分的湿度，又会覆盖可燃物，使之与火源隔绝。一般在积雪尚未融化前不会发生火灾。霜、露、雾等水平降水对森林地被物的湿度也有一定影响，一般影响可燃物的含水量在 10% 左右。在一般情况下，连续干旱的天数越长，林内地被物越干燥，发生林火的可能性就越大，火烧面积也越大。

2.3.1.4　风

空气在水平方向上的运动称为风，它是由水平方向气压分布不均而引起的。风包括风向和风速两个特征。风向是指风的来向，风速是指单位时间内空气在水平方向上流动的距离，通常用 m/s 或 km/h 表示。风力的级别可用表 2-2 来判别。

表 2-2　风力判别表

风级	名称	风速		陆地地物征象
		m/s	km/h	
0	无风	0.0~0.2	<1	静，烟直上
1	软风	0.3~1.5	1~5	烟示方向，风标不能转动
2	轻风	1.6~3.3	6~11	面感有风，树叶微响，风标转动
3	微风	3.4~5.4	12~19	树叶及细枝摇动不定，旗开展
4	和风	5.5~7.9	20~28	能吹起尘土和纸片，树的小枝摇动
5	劲风	8.0~10.7	29~38	叶和小枝摇动，内河水有微波
6	强风	10.8~13.8	39~49	大树枝摇动，电线呼啸，举旗困难
7	疾风	13.9~17.1	50~61	全树摇动，大树枝弯曲，迎风步行困难
8	大风	17.2~20.7	62~74	可折断树枝，人向前走感到阻力大
9	烈风	20.8~24.4	75~88	烟筒及平房受到损害，小屋遭到破坏
10	狂风	24.5~28.4	89~102	可使树拔起

风是影响林火蔓延和发展的最重要的因子，风会加速可燃物水分蒸发而干燥，补充火场的氧气，同时增加火线前方的热量，使火烧得更旺，蔓延得更快。在连旱高温天气条件下，风是决定发生森林大火的最重要的因子之一。

2.3.1.5　闪电

晴朗天气大气层呈正电，且从地表至高空以每升高 1 m 增加 100 V 的梯度上升。当积云出现时，便使这个梯度逆转，其范围可延伸到积云的上下边缘。在积云的下部常产生负电荷，而在其顶部产生正电荷。随着云层的发展，在云层下的地表面或其他与地面接触的物体上，云层底部的负电荷感应正电荷。当云层与地表的电势差足以产生云—地撞击时，一道"之"字形的闪电从云层向地面移动，接触地面后，又以更强的电流反射回原路，反射的力量和持续时间是决定能否引起森林火灾的重要因素。另外，雷电能否引燃可燃物，取决于森林可燃物或其他物体的干燥程度和易燃性。只有云—地闪电才会引起火灾，这种闪电只占所有闪电的 $1/4 \sim 1/3$。而云内闪电或云间闪电不会落入地面，故不会引起森林火灾。

2.3.2 天气、天气系统与林火

天气是某地某时刻或时间段内各种气象要素的总体的特征，即一定地区内短时间的冷暖、阴晴、干湿、雨雪、风云等大气状况的变化过程。

天气系统是具有一定结构和功能的大气运动系统。天气系统有大、中、小 3 种尺度。与林火关系密切的主要是大尺度系统，中尺度系统一般在湿季与高强度降水有关。大尺度系统分为行星尺度系统和天气系统。3000 km 以上的为行星尺度系统；几百到 3000 km 的系统为天气预报的重点，主要有：气团、锋面、气压系统等。行星尺度的天气系统影响天气尺度系统的产生、演变和移动规律，也是天气预报必须考虑的内容。

2.3.2.1 气团

气团是指水平尺度在几百到几千千米的一团空气，这团空气在水平方向上物理属性（主要指温度、湿度和稳定度）比较均匀，在垂直方向物理属性的分布也不会发生突变，在它控制下的天气特点也大致相同，气象要素变化不太剧烈，这种大团空气称为气团，根据气团的温度与地面温度的对比，气团可分为冷气团和暖气团。根据气团的源地又可分为大陆气团和海洋气团。冷气团一般来自极地，空气冷而干燥；暖气团主要来自热带地方，通常含有丰富的水分，比较湿润。

冷气团移动时与较热的下垫面接触，它自下垫面吸取热量，下层空气变热，形成上冷下热的不稳定状态，所以冷气团属于不稳定气团。在不稳定气团控制下，易发生对流运动，产生对流云、阵性降水和雷暴等。

暖气团移动时，与冷的下垫面接触，有热量输送给下垫面，气团的下层空气冷却快，形成逆温（即下层空气温度低，上层空气温度高），大气稳定度增加，所以暖气团属于稳定气团。在暖气团控制下，由于下层空气冷却发生凝结，产生平流雾、低云和毛毛雨等天气现象。

影响我国天气的主要气团是变性极地大陆气团、热带太平洋气团和赤道海洋气团。

变性极地大陆气团是起源于西伯利亚一带的严寒、干燥而稳定增长的极地大陆气团，它南下时，随着地面性质改变，气团属性相应地发生变化，形成变性极地大陆气团。冬半年（多数地区指 11 月至翌年 4 月），变性极地大陆气团活动频繁。在它的控制下，大气特征是寒冷干燥、晴朗、温度日变化大。我国的森林火灾主要发生在这种天气形势下。

热带太平洋气团起源于太平洋热带区域，温度高、湿度大，在夏季非常活跃，以东南季风的形式影响全国大部分地区，是降水的主要水分来源。在这种天气形势下，是不会发生森林火灾的。

赤道海洋气团起源于赤道附近的洋面上，比热带太平洋气团潮湿。在盛夏时，它可影响华南一带地区，天气潮湿闷热，常有热雷击。在这种形势下，也不会发生森林火灾。

2.3.2.2　锋面与锋面天气

当冷气团和暖气团相遇时，在它们之间形成一个狭窄的过渡带，它的宽度在近地面层中约数十千米，在高空可达 200~400 km，过渡的宽度与大范围的气团相比显得狭小，可近似地看成一个几何面，称为锋面。锋面与地面的交线称为锋线，简称锋。锋线长的有数千千米，短的有数百千米。锋面是个倾斜面，它总是倾向冷气团的下部。

根据锋的情况可以把锋分为暖锋、冷锋、静止锋和锢囚锋。

（1）暖锋

暖气团推动冷气团，逐渐代替冷气团的位置，这样的锋称为暖壶锋。暖锋上，暖空气沿着锋面缓慢上升，相继出现卷云、卷层云、高层云、雨层云和连续性降水；锋面之下有碎雨云。夏季暖空气比较不稳定，暖锋面上也可能出现积雨云，常伴有雷雨和阵性降水等对流天气。暖锋面过境后，降水停止，气压少变，气温升高。

暖锋在我国出现较少，秋季一般在东北地区和江淮流域，夏季在黄河流域和渤海附近。暖锋天气不易发生森林火灾。

（2）冷锋

冷气团推动暖气团，并代替暖气团的位置，这样的锋称为冷锋。根据冷锋移动的速度快慢，可分为第一型冷锋和第二型冷锋。

①第一型冷锋（慢性冷锋）　冷锋移动速度较慢，锋过境时降水即开始，多为稳定性降水，风力增大；过境后，气压升高，温度降低，降水停止，风力减小。由于坡度比暖锋大，所以降水范围较暖锋窄。

②第二型冷锋（快性冷锋）　冷锋移动速度快，锋前暖空气被迫急剧上升，产生剧烈的天气变化。在夏半年（多数地区指 5~10 月），由于暖气团较潮湿而且不稳定，在地面锋线前常产生旺盛的积雨云、雷暴和阵性降水。这种冷锋过境时，往往狂风暴雨，雷电交加，但时间短，锋过境后则天气晴朗，这种快性冷锋天气在我国大部分地区均可出现。在冬半年，由于空气相对干燥而稳定，仅在地面锋线附近有很厚的云层，风速迅速增大，常出现大风天气。在北方，干旱的春季还会有沙暴。

我国的森林火灾常发生在无降水的冷锋天气。1987 年 5 月 6 日大兴安岭特大森林火灾，是新地岛冷空气南下，推动贝加尔湖暖脊东移，引导地面暖气团大面积活动。5 月 7 日冷锋过境，风速突然增大，尚未熄灭的古莲火场迅速形成一个强烈的火旋风，在冷锋下，大火向西林吉、图强方向迅速推进。

（3）静止锋

当冷暖气团相遇时，两者势均力敌，或由于地形阻滞作用，锋面很少移动，或者在原地来回摆动，这种锋称为静止锋或准静止锋。它多数是冷锋南下，冷气团逐渐变性，势力减弱而形成的。静止锋天气和第一型冷锋天气相似。

影响我国天气的静止锋主要有：华南静止锋、南海静止锋、南岭附近称为南岭静止锋、昆明静止锋、天山静止锋和秦岭静止锋。

冬季，当冷空气经过长途跋涉，到达华南时势力大减，而热带海洋暖湿空气比较活跃，形成华南静止锋。它的活动范围很广，北至长江，南至南海。隆冬季节，华南静止锋的位置偏南到达南海，称为南海静止锋；春季活跃在南岭附近，称为南岭静止锋；春末夏初，位置偏北，到达长江中下游附近，称为江南静止锋。它们在性质上是一样的。华南静止锋的持续时间较长，3~5 d甚至十多天，带来较久的阴雨天气，阴雨区的范围很广，南北延绵400~600 km，甚至1000 km以上。这是江南春雨连绵和梅雨天气形成的主要成因。在这些静止锋的锋上，森林火灾是不会发生的。

冬季，冷空气南下时受云贵高原的阻挡，在昆明附近形成昆明静止锋（实际上华南静止和昆明静止锋是同一锋面的两部分，前者为东段，后者为西段）。锋面以西的云贵高原为干暖的大陆气团所控制，万里无云，晴朗温暖。昆明每年1月至翌年4月，日照率平均65%~75%，此时是昆明的森林火灾季节。根据51次森林火灾统计，有34次发生在云贵之间维持明显的准静止锋天气。1983年4月17~24日，在昆明以东维持准静止锋，全省火灾频繁，发生森林火灾25起，仅18日全省发生大火灾6起。

在昆明静止锋以东，较暖的湿空气不断被抬升，云雾笼罩，阴雨冷湿。贵阳同期日照率为20%~30%，贵阳一年之中，雨日数竟达255 d，桐梓高达274 d。当云贵准静止锋出现时，贵州的森林火灾不易发生。

天山、秦岭静止锋是山脉阻挡冷锋形成的，阻挡了冷空气的南下，在北坡有少量云或降水，对林火的燃烧和蔓延有抑制作用。

（4）锢囚锋

由于冷锋移动速度比暖锋快，冷锋赶上暖锋，将暖空气抬离地面，近地面层冷暖合并或由于冷暖相对运动而形成的锋，称为锢囚锋。

锢囚锋可分暖性锢囚锋和冷性锢囚锋。如果锋前的冷气团比锋后的冷气团更冷，称为暖性锢囚锋，冷锋不到地面成为高空冷锋，位置在锢囚锋的前面。如果锋前的冷气团比锋后的冷气团暖些，称为冷性锢囚锋，暖锋不到地面，而成为高空暖锋，位置在锢囚锋的后面。

我国锢囚锋主要出现在锋面频繁的东北、华北地区，以春季最多。东北地区的锢囚锋大多由蒙古、俄罗斯移来，多属冷性锢囚锋。华北锢囚锋多在平地生成，属暖性锢囚锋。

锢囚锋与森林火灾有一定的关系，如贝加尔湖的锢囚锋上易发生雷暴，当地面植被很干燥时，也常引起火灾。

2.3.2.3　气压系统

气压的空间分布称为气压场，气压场呈现不同气压形势（如高压、低压）称为气压系统。气压的分布形势通常是用等压面或等压线来表示。等压面是空间气压相等的各点连接而成的面。由于同一高度的气压不等，故而等压面并不是一个水平面，像地形一样，是一个高低起伏的曲面。P为等压面，H_1、H_2、H_3…为高度间隔相等的若干等高面，它们分别与等压面相截（截面以虚线表示）。将这些截面到水平面上，便得出等压面（P）距海平面高度分别为H_1、H_2、H_3…的许多等高线。和等压面凹起部位相对应的等高线是高压区，气压值由中心向外递减；和高压面下凹部位相对应的等高线是低压区，气压值由中心向外递增。所以等压面上的等高线，表示了空间等压面的起伏形势。在高空天气图一般将大气剖为1000、850、700、500、300、200 hPa等压面。

2.3.3　气候、大气环流、洋流与林火

2.3.3.1　气候与林火

气候是指某地区多年综合的天气状况。气候与天气有密切联系，又有很大区别：天气是气候的基础，气候是天气的综合。气候是长期的天气状况，既包括经常出现的，也包括特殊年份可能出现的天气状况，如某地的极端最低气温等，仅出现 1 次，仍有该地气候特征。因此，气候是时间尺度在 1 年以上比较长的大气过程。在日常生活中，我们常常说："今天天气好"，而不能说："今天气候好"。

形成和影响气候变化的因子是太阳辐射、大气环流和下垫面性质（水陆、地形、植被等）。

由于太阳辐射不同，地球分为赤道带、热带、副热带、温带、副寒带、寒带、极地 7 个气候带，南北半球相对称。

一般将世界气候分为：低纬度气候、中纬度气候、高纬度气候和高地气候 4 大区。它们与森林火灾的关系如下。

（1）低纬度气候区

赤道多雨气候区：基本无森林火灾；热带海洋气候区：少森林火灾；热带干湿季风气候区：干季常发生森林火灾；热带季风气候区：植被类型称热带季雨林。每当夏季风和热带气旋运动不正常时，能引起旱涝灾害。旱灾时可能发生森林火灾。而热带干旱气候区、热带多雾干旱气候区、热带半干旱气候区均是森林火灾严重区。

（2）中纬度气候区

副热带干旱气候、副热带半干旱气候区：是森林火灾区；副热带季风气候区：我国南部地区处于这一气候区，冬春常发生森林火灾；副热带湿润气候区：少森林火灾；副热带夏干气候（地中海气候）区：夏季常发生森林火灾；温带海洋性气候区：少森林火灾；温带季风气候区：我国北部处于这一气候区，春秋常发生森林火灾；温带大陆性湿润气候区：仍有森林火灾；温带干旱、半干旱气候区：我国西北地区处于这种气候区，较易发生森林火灾。

（3）高纬度气候区

副极地大陆性气候：如果夏季出现干旱，则易发生森林火灾；极地苔原气候：自然植被是苔藓、地衣以及某些小灌木，很少发生火灾。

（4）高地气候区

由于高地的高度差很大，一座高山，会出现不同的气候带，出现各种植被，森林火灾呈现复杂的状况。

2.3.3.2　大气环流与林火

大气环流主要指具有全球范围的大气瞬时以及平均运动状况。它反映了大气运动的基本状态和变化特征，并孕育和制约着较小规模的气流运动。

在赤道，空气因受热而上升，到高空分成向南和向北的两支气流。由于受地球自转的影响，到 30°附近，空气在此不断堆积而下沉，形成副热带高压带。副热带高压带的空气向赤道的气流，在北半球成为东北风带，在南半球成为东南风带。因为这两种风比较恒

定，称为信风。流向极地的气流，在北半球中纬度地区变为偏西南风，称为西风带；南半球变为偏西北风，亦称为西风带。在极地由于气温低，地面为高压，冷空气向低纬度方向流动，在地球自转的作用下，形成极地东风带。来自副热带暖空气与来自极地的冷空气在60°附近相遇，形成极锋。这就是地球大气环流三圈模式。

由于大气环流是赤道和极地间、海洋和陆地间的热量传输，是水汽输送的动力，因此它对气候的影响起着重要作用，对森林火灾也起着重要的作用。当环流形势趋向于长期的平均状态，各地的气候也是正常的，森林火灾也是正常年份。当环流形势在个别年份或个别季节出现异常时，也就会直接影响某一时期内的天气和气候，森林火灾也就会出现异常。

2.3.3.3　洋流与林火

洋流即海洋的水流。洋流的方向主要是由长期定向风的风力所推动，因此世界洋流分布与地风向是很相似的。从低纬度向高纬度是暖流，由高纬度向低纬度是冷流。洋流进行着高低纬度之间的能量的传输，对地球上的气候有重要的影响，对森林火灾也有重要的影响。例如，厄尔尼诺现象，是指热带东太平洋区域的洋流，在有些年份，该地水温可以比常年偏高 3～6℃，它对地球大气环流的气候异常有重要的作用，与森林火灾有密切关系。

2.4　地　形

地形不同，构成不同的小气候。地形的起伏变化不仅影响林火的发生发展，而且影响林火的蔓延和林火强度；海拔不同，氧气浓度、空气湿度、温度也不同，对林火的发生发展有影响；火势蔓延受地形因素的影响较大，地形变化在很大程度上制约着火势的蔓延，植物类型的作用不甚明显。在山势大转折、山脊上，多会出现自然终止燃烧的现象。大的山势转折处，由于反山气流的作用，上山火到山顶时，火势常常衰落，会停止发展；其次，在山区由于山脚向山顶蔓延的火要受一些缓坡、小平地、陡坡和峭壁的小地形影响。因为谷风经过各种小地形时会形成很小的涡流旋，对火蔓延起阻碍作用。缓坡和陡坡上的火蔓延快，不易扑救，而山坳、小平地上的蔓延速度减缓，是高山地带扑火的好时机。

2.4.1　坡向对林火的影响

不同坡向接受太阳辐射不一。南坡受到太阳直接辐射大于北坡，偏东坡上午受到太阳的直接辐射大于下午，偏西坡则相反。即南坡吸收的热量最多，西坡要大于东坡，北坡吸收的能量最少。南坡温度最高，可燃物易干燥，易燃。根据美国唐纳德·波瑞统计，不同坡向的火情分布，以南坡最高。在预防、扑救森林火灾及计划烧除时，要注意坡向。

2.4.2　坡度对林火的影响

不同坡度，降水停滞时间不一样，陡坡降水停留时间短，水分容易流失，可燃物容易干燥；相反，坡度平缓降水停留时间长，可燃物湿度大，不容易干燥，不容易着火和蔓延。

火在山地条件下蔓延与坡度密切相关，坡度越大，火的蔓延速度越快；相反，坡度平缓，火蔓延缓慢。坡度与火的蔓延速度越快，火停留时间短，因此林木危害轻，死亡率不高，这是对上山火而言的；下山火则相反。上山火对在陡坡和山顶部分的针叶林则容易由地表火转为树冠火，会给林木带来较大损害。坡长对林火蔓延影响很大，一般坡长越长，会促使上山火加快向山上蔓延。

2.4.3　海拔对林火的影响

海拔直接影响温度和湿度。一般海拔越高，气温越低，湿度越大，越不易发生火灾。另外，不同海拔会形成不同植被带，火灾季节早晚不同。如大兴安岭海拔低于 500 m 为针阔混交林带，春季火灾季节开始于 3 月；海拔 500~1100 m 为针叶混交林，一般春季火灾季节开始于 4 月；海拔超过 1100 m 为偃松、落叶松林，火灾季节还要晚些。

2.4.4　坡位对林火的影响

在相同的坡向和坡度条件下，不同坡位的温湿状况、土壤条件、植被条件不同。从坡底到坡腰、坡顶，湿度由高到低，土壤由肥变瘠，植被由茂密到稀疏。其气温变化较为复杂。高山每上升 100 m，气温下降 0.5℃ 左右。中小山地，山顶受地面日间增温、夜间冷却的影响较小，风速较大，夜间地面的冷空气可以沿坡下沉，换来自由大气中较温暖的空气，因此气温日较差小。凹地则相反，气流不流畅，白天在强烈的阳光下，气温急剧增高，夜间冷气流下沉，谷底和盆地气温特别寒冷，因此气温日较差大。

一般情况下，坡底的着火昼夜变化较大，日间强烈，晚间较弱。坡底的植被，一旦燃烧，其火强度很大，顺坡加速蔓延，不易控制。坡顶的林火昼夜变化较小，其火强度较低，较易控制。据美国唐纳德·波瑞统计，不同坡位初次扑救失效百分率（4 hm² 以上）以坡底最高，其次是坡面中段，最小为坡顶。

2.4.5　地形风对林火的影响

（1）地形上升气流

上升气流主要因热、地形形成。当地形阻挡风时，则形成上升气流，这种气流加速林火的蔓延。当风刮过地形突出位时，这时也产生一种上升气流，往往使林火沿山脊加速蔓延。

（2）越山气流

越山气流的运动特征主要取决于风的垂直廓线、大气稳定度和山脉的形状。在风速随高度基本不变的微风情况下，空气呈平流波状平滑地越过山脊，称为片流。当风速比较大，且随高度逐渐增加时，气流在山脉背风侧翻转形成涡流。当风速的垂直梯度大时，由山地产生的扰动引起波列，波列可伸展 25 km 或更远的距离。背风波列常是当深厚气流与山脊线所形成交角在 30° 以内，且风向随高度变化很小，风速向上必须是增加时才形成。对于低矮的山脊（1 km），最小的风速 7 m/s 左右，而高度为 4 km 的山脊，风速为 8~15 m/s 时，则气流乱流性增强，并在北风坡低层引起连续的转子。

以上 4 种越山气流类型，对森林火灾的影响以后 3 种最显著，必须引起高度重视。特别是第 4 种越山气流，在背坡形成涡流，对背风坡的扑火队员有很大的威胁。还有一种越山气流，背坡产生反向气流，如果火从迎风坡向背风坡蔓延，在山脊附近有很好施放迎面火的位置，并且当火蔓延到背坡，下山的火势较弱容易扑救。

（3）绕流

当气流经过孤立或间断的山体时，气流会绕过山体。当气流绕孤立山体时，如果风速较小，气流分为两股，两股气流速度有所加快，过山后不远处合并为一股，并恢复原流动状态。如果风速较大，在山的两侧气流也分两股，并有所加强，但过山后将形成一系列排列有序，并随气流向下游移动的涡旋，称卡门涡阶。在扑火和计划烧除时，要注意绕流。

（4）山风和谷风

山坡受到太阳照射，热气流上升，就会产生谷风，通常开始于每天早上日出后 15 ~ 45 min。当太阳照不到山坡时，谷风消失，当山坡辐射冷却时，就会产生山风。在扑救森林火灾和计划烧除的过程中，要特别注意山风和谷风的变化。

（5）海陆风

沿海地区，风以一天为周期，随日夜交替而转换。白天，风从海上吹向陆地称为海风；夜间，风从陆地吹向海洋称为陆风。海陆风是一种势力环流，是由于海陆之间差异而产生的。白天，陆上增热要比海上剧烈，产生了从海上指向陆地的水平气压梯度，因此下层风从海上吹向陆地，形成海风，上层风从大陆吹向海洋；夜间，陆地降温比海上剧烈，形成了从陆地指向海上的水平气压梯度，下层风从陆地吹向海洋，上层风则从海洋吹向陆地。在沿海地区扑救森林火灾和计划烧除时，要注意海陆风的变化。

（6）焚风

由于地形而造成的干热风称为焚风。关于焚风的解释是：湿空气沿迎风坡抬升，水汽凝结产生云和降水，气温以每千米 5 ~ 6℃饱和绝热递减；在背风坡下沉的水汽凝结的空气则以干绝热每千米 9.8℃增温，因此坡风成为干热风。有时焚风也可以在迎风坡出现，但无降水发生。只要空气从山顶高处下降到山区低处，空气在低处为逆温层阻塞而发生绝热压缩而出现这种焚风。山地焚风在高山地区才能形成。例如，一团空气的温度为 20℃，相对湿度为 70%，凝结高度为 500 m，在迎风坡 500 m 以下，空气每上升降 100 m 温度降低 1℃，到 500 m 高度时，气团温度为 15℃，这时相对湿度为 100%；500 m 以上，空气每上升 100 m，温度降低 0.6℃，到山顶时，气团温度为 0℃，气流超过山顶以后，每下降 100 m，温度上升 1℃，到山脚时，气流温度就变为 30℃，相对湿度就变为 14% 了。

世界上最著名的焚风区有亚洲的阿尔泰山，欧洲的阿尔卑斯山，北美的落基山东坡。我国不少地方有焚风。例如，偏西气流超过太行山下降时，位于太行山东麓的石家庄就会出现焚风。据统计，出现焚风时，石家庄的日平均气温比无焚风时可增高 10℃左右。又如，吉林省延吉盆地焚风与森林火情的关系是：延吉出现在焚风天的森林火情占同期森林火情的 30%。

（7）峡谷风

若盛行风沿谷的长度吹，当谷地的宽度各处不同时，在狭窄处风速则增加，称为峡谷风。峡谷地带是扑火的危险地带。

（8）渠道效应

如果盛行风向不是垂直于谷长的方向，可发生"渠道效应"，使谷中气流沿谷的长方向吹。在扑救森林火灾和计划烧除时，不仅要注意主风方向，更要注意地形风。

（9）鞍形场涡流

当风越过山脊鞍形场，形成水平和垂直旋风。鞍形场涡流带常常造成扑火人员伤亡。

2.4.6　山地林火的特点

在山地条件下，山谷风对林火的影响很大，白天谷风大，会加强上山火的蔓延，火难以控制；而夜间山风会使上山火蔓延减缓，是打火最有利的时机。另外，傍晚及上午9:00～10:00左右山谷风转换时有静风期，也是打火的有利时机。

地形起伏变化，火对林木的受害部位也不同。在一般情况下树干被火烧伤部位均朝山坡一面，这种现象称为林木片面燃烧。造成林木片面燃烧现象有以下几种情况：

①在山地条件下，枯枝落叶在树干的迎山坡的一侧积累较多，一旦发生火灾，在朝迎山坡一侧火的强度大，持续时间长，林木烧伤严重。

②火在山地蔓延时，多为上山火，即火从山下向山上蔓延，火遇到树干后，在其迎山坡一侧形成"火涡旋"，火在涡旋处停留时间长，烧伤严重，常形成"火烧洞"。

③即使在平坦地区，由于树干的阻挡，火在树干的背风侧也能形成"火涡旋"，也常常形成火疤。

2.5　森林燃烧的条件

任何燃烧现象的发生必须具备3个要素，即可燃物、助燃物和一定温度。三者互相依赖，互相作用，构成了燃烧三角形（图2-1）。如果缺少三角形的任何一边，燃烧现象就会停止。

图 2-1　燃烧三要素（燃烧三角形）示意

2.5.1　可燃物

凡是能与氧或氧化剂起燃烧反应的物质均称为可燃物。无论气体、液体还是固体均有可燃物。如氢气、乙炔、汽油、木材、煤炭、钾、钠、硫、磷等均为可燃物。

森林可燃物指森林中所有能够燃烧的物质，通常指木本植物及其死有机体。例如，森林中的乔木、灌木、草本、地衣、枯枝落叶、腐殖质、泥炭等均为森林可燃物。

2.5.2　助燃物

凡与可燃物结合能帮助和导致发火的物质均为助燃物。通常指氧气、氯气、氯酸钾、高锰酸钾、过氧化钠等。

森林可燃物燃烧的助燃物是氧气。空气中含有约 1/5（21%）体积的氧。空气中氧的这一浓度能使一般可燃物遇火源就能够着火。但是，当空气中氧缺乏时，燃烧就会减弱，甚至熄灭。表 2-3 中列举了几种可燃物在空气中燃烧所需要最低含氧量。

表 2-3　几种可燃物燃烧所需要的最低含氧量

可燃物名称	最低含氧量（%）	可燃物名称	最低含氧量（%）
乙炔	3.7	橡胶	12.0
黄磷	5.9	丙酮	13.0
多量棉花	8.0	汽油	14.0
二硫化碳	10.0	乙醇	15.0
乙醚	12.0	蜡烛	16.0

通常 1 kg 木材燃烧大约需要 3.2~4.0 m³ 的空气，需要纯氧 0.6~0.8 m³。当空气中氧的含量减少到 14%~18% 时，森林燃烧现象就会停止。然而，森林是开放的自然生态系统，空气中的氧气始终能保持充分。在燃烧过程中，由于氧气供给程度不同，会产生两种不同的燃烧。

（1）完全燃烧

在森林燃烧过程中，氧气供给充足，燃烧彻底，燃烧后的产物不能再次燃烧，这种燃烧称为完全燃烧。碳的完全燃烧反应式如下：

$$C + O_2 \xrightarrow[供氧充足]{燃烧} CO_2 + 394.03 \text{ kJ/mol}$$

（2）不完全燃烧

在森林燃烧过程中，由于氧气供应不足，燃烧不彻底，燃烧后的产物能再次燃烧，这种燃烧现象称为不完全燃烧。碳的不完全燃烧反应式如下：

$$C + O_2 \xrightarrow[供氧充足]{燃烧} CO + 110.70 \text{ kJ/mol}$$

完全燃烧生成的二氧化碳和水蒸气，呈无色气体。通常森林燃烧都产生大量的烟雾，这是处在缺氧的不完全燃烧时，形成的可燃物挥发物（焦油）凝聚成细小液滴，悬浮在空气中。在这些液滴的周围又凝聚着部分水汽，形成白雾。另外，森林可燃物在燃烧热解的过程中形成了微小的碳粒子，随上升气流而上升，形成了烟雾。

2.5.3　一定温度

燃烧现象的发生除了可燃物、助燃物外，还需要一定的温度。对于森林燃烧来讲，一定的温度即为热源。凡是引起可燃物发光的热源均称火源。例如，明火焰、火花、机械撞击、聚光作用、化学反应等都可成为火源。

（1）着火与燃点

可燃物受到外界火源的直接作用而开始的持续燃烧现象，称为着火。着火是日常生产、生活中最常见的燃烧现象。例如，用火柴点燃柴草等就会着火。可燃物开始着火的最低温度称为该可燃物的燃点。可燃物的燃点越低，越容易着火。森林可燃物的燃点差异很大。一般干枯杂草的燃点为 150~200℃，木材的燃点为 250~350℃。要达到这样高的温度，通常要有外界火源。一旦可燃物达到燃点就不再需要外界火源，停靠自身的热量就可以继续燃烧。

(2) 自燃与自燃点

可燃物在没有外部火源的作用下，由于受热或自身发热并蓄热所产生的燃烧现象，称为自燃。由于受热而产生的燃烧现象称为受热自燃。例如，可燃物在加热、烘烤或受热辐射、压缩热、化学反应等的作用而引发的燃烧均称为受热自燃。由于可燃物自身的生物、物理、化学等作用所产生的热积蓄起来而引起的燃烧现象称为蓄热自燃。例如，湿稻草的自燃、褐煤的自燃、泥炭自燃等均属于蓄热自燃。

在规定的条件下，可燃物产生自燃的最低温度称为该可燃物的自燃点。可燃物的自燃点越低，发生火灾的危险性越大。通常，可燃物的自燃点比其燃点高 100~200℃。

2.6 灭火的基本原理

森林燃烧需要具备 3 个条件：即森林可燃物、氧气和一定热量，三者构成燃烧三要素，缺少其中 1 个燃烧就会停止。因此，扑救森林火灾是破坏其中一个要素而使火熄灭，或者说是破坏燃烧三角的任何一条边，达到灭火的目的。灭火的基本原理主要有以下几方面。

(1) 隔离可燃物

通过人工、机械、爆破、洒水等措施使燃烧与未燃可燃物分开，而达到灭火目的。例如，开设防火线、挖防火沟、利用索状炸药炸出生土带、利用飞机或水车洒水、洒化学阻火剂和泡沫灭火剂等灭火都是利用隔离可燃物的灭火原理。

(2) 隔绝空气

通过隔绝燃烧所需要的氧气来阻止火的发展。当空气中氧的浓度低于 14%~18% 时，燃烧现象就会停止。可使用扑打工具或用土覆盖等使可燃物与空气隔绝而窒息；也可以用化学灭火剂。化学灭火剂受热分解，产生不燃性气体，使空气中氧气含量下降，从而使火窒息。

(3) 降低温度

采用降温的办法使燃烧停止。可在燃烧的可燃物上方喷洒水或覆盖湿土来降低温度，使正在燃烧的可燃物温度降低到燃点以下而使火熄灭。

思考题

1. 火源的种类主要有哪些？
2. 简述森林可燃物的概念与分类。
3. 森林可燃物的性质包含哪些？它们对可燃物的燃烧性有何影响？
4. 阐述森林燃烧的条件和森林火灾的灭火原理。
5. 论述林火与森林环境因子的关系。

第3章

林火的种类及林火行为

3.1 林火的种类

森林可燃物是林火发生的物质基础,森林火灾种类一般按照可燃物的空间分布规律进行划分。林火的主要类型分为3种,分别是:地下火、地表火和树冠火。

3.1.1 地下火

地下火指在林地土壤中粗腐殖质层有机物质(包括泥炭等)燃烧、蔓延的火灾。地下火又称地火、地下煤火、阴燃火等,是煤炭地层在地表下满足燃烧条件后,产生自燃,或经其他渠道燃烧所形成的大规模地下燃烧发火。澳大利亚燃烧的阴燃火已经持续燃烧了5500年,这是迄今地球上持续时间最长的"火焰"。火形成后,地表和周围土地大范围内因温度极高而生物无法生存,产生很大的生物灭绝。同时,地火也消耗地下水,对地下结构产生很大的影响。地下火蔓延速度慢,火烈度大,破坏性极强,扑救困难。

3.1.2 地表火

地表火又称地面火,指沿林地面扩展蔓延,烧毁地被物的火。地表火能烧毁地表1.5 m以下的幼苗、幼树、灌木,烧伤乔木树干基部的树皮表层以及靠近地面的根系。仅燃烧林地表面的枯枝落叶或林下灌木、草本的一种森林火灾。林木受害后,会使长势减弱,易引起病虫害的大量发生,严重影响林木的生长,木材材质变劣,甚至会造成大片森林枯死。

3.1.3　树冠火

沿树冠蔓延的火称为树冠火。上部烧毁树叶，烧焦树枝和树干；下部烧毁地被物、幼树和下木。按树冠是否连续分类，树冠火分为 2 种类型：一种是连续型，即当树冠连接不断时，火沿树冠前进；另一种是间歇型，树冠不连续分布，由于大气对流强，猛烈的地表火上升为树冠火，当树冠不连续时，又降为地表火，起伏前进。树冠火对森林破坏最大，多发生在针叶幼林、中龄林或异龄林内。

按火势蔓延速度分类，树冠火又可分为急进树冠火和稳进树冠火两种。

（1）急进树冠火

又称狂燃火。火焰跳跃前进，蔓延速度每小时可达 8~25 km，火焰向前伸展，烧毁树干的枝条，烧焦树皮使树木致死，火烧迹地呈长椭圆形。

（2）稳进树冠火

又称遍燃火。火焰全面扩展，火的前进速度缓慢，一般情况每小时 2~4 km，顺风时每小时可达 5~8 km。这种火可以烧毁树冠的大枝条，烧着林内的枯立木，是危害最严重的火灾，火烧迹地呈椭圆形。

3.2　林火行为

林火行为是指森林可燃物被点燃后，燃起的火焰、火势以及热量传播过程中表现出的特征，也就是从林火被点燃到熄灭的全过程中所释放的能量、火强度、火灾类型等特征的综合。

3.2.1　林火蔓延

3.2.1.1　林火蔓延的机理及蔓延速度

林火蔓延是林火行为之一，它和森林火灾的预防、扑救等工作紧密相关。林火蔓延模型是研究林火行为最重要的一个方面，对林火行为进行量化研究，通常要简化各种燃烧条件，经过数学方法处理，推导出林火蔓延速度与各个参数（可燃物类型、地形、气候等）之间的数学关系式。林火蔓延的前提是要将新鲜的可燃物加热到可燃的温度，在此温度下，森林可燃物释放出可燃气体再燃烧。

林火蔓延遵循热对流、热辐射和热传导等热传机制。热辐射和热对流可对火线前方的可燃物进行快速预热。热辐射的作用能量很强，它是一种电磁波式的传热方式，可以向周围进行直线传播热量。热对流类似于大气对流，热空气上升之后旁边的冷空气及时填补。

林火蔓延速度通常包括线速度、面积速度和周长速度。

线速度指火烽向前推进的速度，分为火头、火翼、火尾的线速度。一般用蔓延距离除以蔓延时间来计算，单位为 m/min 或 km/h。

1972 年，美国 Rothemal 制定了一个单一均匀可燃物的林火蔓延速度公式：

$$v = \frac{I_R(1 + \varphi_w + \varphi_s)}{p_{b_0} Q_{ig}} \tag{3-1}$$

式中，v 为林火蔓延速度，m/min；I_R 为发热强度，kJ/(min·m²)；b 为传播的热通量与发热强度之比；φ_w 为风因子；φ_s 为坡度因子；p_b 为可燃物集合体的体积密度，kg/m³；b_0 为系数；Q_{ig} 为预引燃烧热，kJ/kg。

我国王正非教授根据大兴安岭有关林火资料进行回归分析，得出林火蔓延的初速度为：

$$V_0 = 0.0299T + 0.047W + 0.009(100 - h) - 0.304 \tag{3-2}$$

式中，V_0 为林火蔓延速度，m/min；T 为每天的最高温度，℃；W 为中午风力(级)；h 为每天的最小相对湿度(%)，可用中午实测值。

林火火头蔓延速度(V_1)等于林火蔓延速度(V_0)乘以可燃物类型修正值(K_s)、风力修正值(K_w)、地形坡度修正值(K_f)(表 3-1~表 3-3)。

$$V_1 = V_0 K_s K_w K_f \tag{3-3}$$

表 3-1   可燃物类型修正值(K_s)

可燃物类型	平铺针叶	红松、华山松、云南松等林地	枯枝落叶	茅草杂草	莎草短桦	牧场草原
K_s 值	0.8	1.0	1.2	1.6	1.8	2.0

表 3-2   风力修正值(K_w)

风级	0	1	2	3	4	5	6	7
K_w 值	1.0	1.2	1.8	2.6	4.2	6.5	9.0	13.0

表 3-3   地形坡度修正值(K_f)

坡度(°)	0	5	10	15	20	25	30	35	40	45
K_f 值	1.0	1.2	1.6	2.1	2.9	4.1	6.2	10.1	12.5	34.2

火翼蔓延速度(v_2)和火尾蔓延速度(v_3)在不同风力级下与火头蔓延速度(v_1)的相关关系(表3-4)。

表 3-4   火翼和火尾蔓延速度与火头蔓延速度的相关关系表   m/min

风力(级)	v_1	v_2	v_3
0	v_1	v_1	v_1
1~2	v_1	$0.47v_1$	$0.05v_1$
3~4	v_1	$0.36v_1$	$0.04v_1$
5~6	v_1	$0.27v_1$	$0.03v_1$
>7	v_1	$0.18v_1$	$0.02v_1$

林火面积速度即火场面积除以燃烧的时间，单位为 m²/min 或 hm²/h，火场面积按圆面积或长方形面积或两个半圆面积近似计算，公式如下：

$$S = \pi R^2 \tag{3-4}$$

$$S = 0.7ab \tag{3-5}$$

$$S = \frac{\pi \left(\dfrac{v_1 t + v_2 t}{2}\right)^2}{2} + \frac{\pi \left(\dfrac{v_2 t + v_3 t}{2}\right)^2}{2} \tag{3-6}$$

式中，S 为火场面积；π 为圆周率；v_1、v_2、v_3 为火头、火翼、火尾速度；R 为火场半径；a 为火场长度；b 为火场宽度；t 为燃烧时间。

火场周长增长速度以火场周长除以燃烧时间表示，单位为 m/min 或 km/h。火场的周长通常用圆周长或根据火线速度进行近似计算，其公式如下：

$$C = 2\pi R \tag{3-7}$$

$$C = 3v_1 t \tag{3-8}$$

式中，C 为火线周长；π 为圆周率；R 为火场半径；v_1 为火头速度；t 为燃烧时间。

根据王正菲的计算，在不同风力情况下，火头的蔓延速度与火场面积和火场的周边相关关系见表3-5。

表 3-5　火头的蔓延速度与火场面积和火场的周边相关关系表

风力 （级）	火头蔓延速度 （m/min）	蔓延时间 （min）	火场面积 （m²）	火场周长 （m）
0	v_1	t	$3.14(t v_1)^2$	$6.28 t v_1$
1~2	v_1	t	$0.63(t v_1)^2$	$3.2 t v_1$
3~4	v_1	t	$0.48(t v_1)^2$	$2.9 t v_1$
5~6	v_1	t	$0.36(t v_1)^2$	$2.6 t v_1$
>7	v_1	t	$0.24(t v_1)^2$	$2.4 t v_1$

3.2.1.2　影响林火蔓延的主要因子

影响林火蔓延的因子主要包括可燃物、地形、气象。

森林可燃物是森林火灾的燃烧床，它的主要特征有：可燃物类型、可燃物载量、燃烧性、颗粒平均直径及形态、密实度、容重或容积密度数、水平分布、垂直分布、含水率、油脂含量、化学成分等，将这些特征量化并进行综合分析，就可建立一个包含这些特征因子的森林可燃物模型，从而指导森林火灾的预测预报工作。常用可燃物生物量来估算可燃物潜在的能量。不同类型的可燃物，其潜在能量是不同的。

坡度是对林火蔓延影响最大的地形因子，其次是坡向，因为坡向直接影响可燃物的含水率，从而影响可燃物的燃烧性。气象因子中，风向与风速的影响比较大。它决定着林火蔓延的速度、方向和面积。

此外，风越大，大气湍流越强，容易造成"飞火"，形成新的火场。目前，常将可燃物、地形和风等因子结合起来对林火行为进行建模与仿真。

3.2.1.3　林火蔓延预测方法

根据建立模型的方法，可分为半经验、经验和物理模型。

①经验模型　该模型不考虑任何物理机制，只从统计的角度来研究火行为，不需要考虑多个变量对林火行为的相互作用，从而简化了问题。由于经验模型是通过对大量实际火

灾案例和计划火烧分析推导出来的，资料翔实，数据充足，可信度较高，与实际情况基本吻合。

②物理模型　由 Fons 最先提出，将可燃物载床理想化，并认为可燃物一旦达到着火点即燃烧，与实际情况相差较大，模型比较复杂，参数较多且参数之间关联比较复杂、难以确定。但这种方法为人类研究林火行为提供了一个新的方向。

(1)经典林火蔓延预测方法

①Rothermel 模型　该模型(美国)是建立在基于能量守恒定律和室内实验、室外真实火灾统计的基础上，推导出的林火蔓延方程，属于半经验半物理模型，如下：

$$R = \frac{I_R \xi (1 + \Phi_w + \Phi_s)}{\rho_b \varepsilon Q_{ig}} \tag{3-9}$$

式中，R 为火灾稳态蔓延速度，m/min；I_R 为反应强度，$kJ/(min \cdot m^2)$；ξ 为传播速率；ρ_b 为可燃物密度，kg/m^3；ε 为有效热系数，无因次；Q_{ig} 为点燃单位质量(或重量)可燃物所需的热量，kJ/kg；Φ_w 为风速修正系数；Φ_s 为坡度修正系数。

Rothermel 模型主要研究火焰前锋的蔓延，没有考虑过火火场的持续燃烧。提出了"似稳态"的概念，从宏观方面研究林火蔓延。它假设可燃物载床和地形地势在空间上分布连续，并且可燃物的含水率、风速、坡度等参数是一致的。在模拟林火蔓延过程中，将热传导、热对流和热辐射考虑进来。

该模型的主要缺点是：要求野外的可燃物是均匀分布的，可燃物的含水率不大于30%，且对可燃物直径的要求很苛刻，忽略比较大型的可燃物的影响。

②McArthur 模型　该模型(澳大利亚)是通过多次点烧实验，推导出来的林火蔓延速度与各参数的关系式，属于统计模型。蔓延速度方程如下：

$$R = 0.13F \tag{3-10}$$

式中，R 为较平坦地面上的火蔓延速度，km/h；F 为火险指数，无因次。

对于草地和桉树林地，分别给出了 F 的表达形式，如下：

$$F = 2.0\exp[-23.6 + 5.01\ln B + 0.0281T_a - 0.226H_a^{0.5} + 0.633U^{0.5}]$$

$$F = 2.0\exp[-0.405 + 0.987\ln D' + 0.0348T_a - 0.0345H_a + 0.0234U]$$

式中，B 为可燃物的处理程度，%；T_a 为气温，℃；H_a 为相对湿度，%；U 是在 10m 高处测得的平均风速，m/min；D' 为干旱码，无因次。

对于斜坡林地林火蔓延速度可简化为：

$$R_\theta = Re^{0.069\theta} \tag{3-11}$$

式中，θ 为地面坡度。

McArthur 模型是 I. R. Noble 等人对 McArthur 火险尺的数学描述，其优点是能够预报火险天气及部分重要的火行为参数。然而，该模型只适用于草地和桉树林火进行研究。对我国南方森林及草原生态系统预警研究具有一定的参考价值。

③加拿大林火蔓延模型　加拿大森林火险等级系统(CFFCRS)由 4 个子系统组成：林火行为预报系统(FBP)、林火发生预报系统(FOP)、林火天气指标系统(FWI)、可燃物湿度估测系统(AFM)。通过多次实验与观察，推导出林火向前蔓延速度(ROS)方程，属于经验模型。不同的可燃物类型拥有不同的蔓延速度方程，各方程间互不影响，独立地依赖初

始蔓延指标 ISI。如针叶林初始蔓延速度方程为：

$$ROS = a\left[1 - e^{-bxISI}\right]^c \tag{3-12}$$

式中，ROS 为可燃物蔓延速度，m/min；a、b、c 分别为不同可燃物类型的参数；ISI 为初始蔓延指标。

对于沿斜坡蔓延的火，只需乘以一个蔓延因子，即可求得其蔓延速度。蔓延因子表达式如下：

$$S_f = e^{3.533(\lg\varphi)1.2} \tag{3-13}$$

式中，S_f 表示蔓延因子，无因次；φ 为地面的坡度。

加拿大林火蔓延模型不考虑任何物理机制，但可以帮助研究人员认识林火行为的各个分过程及整个过程，在各参数相似的条件下，可以比较准确地预测火行为。

④王正非的林火蔓延模型　该模型也是建立在大量的实验基础上，得出的林火蔓延速度关系式，属于统计模型。蔓延速度方程如下：

$$R = R_0 K_a K_r K_f \tag{3-14}$$

式中，R 表示当时当地可燃物蔓延速度；R_0 为日燃烧指标，m/s，取决于细小可燃物的含水量；K_a 为可燃物配置格局的调整系数，随时间和地点而改变的常数；K_r 为风速调整系数，值为 $K_r = e^{0.1783U}$；K_f 为地形坡度调整系数，值为 $K_f = e^{3.533(\lg\varphi)1.2}$，与加拿大的蔓延因子是一致的。

在建立该模型之前需考虑以下 5 个因素：可燃物本身的物理化学性质、着火时的可燃物干湿程度（即含水量）、风速、可燃物的配置格局、地面平均坡度。

该模型的适用范围比较有限，对于研究平地无风、无风上坡以及顺风上坡且坡度不超过 65° 的林地比较适用。在对林火行为进行实际研究过程中，不考虑那些粗大的可燃物（如原木和大的树枝）。对模型中的各调整系数王正非都给出了相应的关系表，可直接由表查找，简化了计算。

以上那些模型都是根据统计和物理规律建立起来的数学模型，主要集中于建立自然因素与火行为之间的关系，不具备自组织性，没有考虑火蔓延的时空特性，其状态是随时间而发生连续变化的，对于比较复杂的系统模型有一定的局限性。当系统变得越来越复杂，求解微分方程就会变得很困难。

⑤基于 DEVS 的林火蔓延预测

a. 离散事件驱动模型（DEVS）　DEVS 由于其面向对象建模的特点，使得其在建模和仿真时具有模块化、层次化、形式化的特点。DEVS 在状态转换、图描述以及微分方程描述等混合系统中具有广泛的应用，也可以用数学方法来分析动态系统。DEVS 模型如下。

$$M = \langle X^b, Y^b, S, \delta_{ext}, \delta_{int}, \delta_{com}, \lambda, ta \rangle \tag{3-15}$$

式中，X^b 表示输入值集合；Y^b 表示输出值集合；S 表示系统的状态集；$\delta_{ext}: Q \times X^b \to S$ 表示外部的转换函数；$Q = \{(s,e) \mid s \in S, 0 \le e \le ta(s)\}$ 则表示所有的状态集；X^b 代表接收到的输入值集；e 表示系统在状态上的持续时间；$\delta_{int}: S \to S$ 表示内部的转换函数；$\delta_{com}: S \times X^b \to S$ 表示综合的转换函数；$\lambda: S \to Y^b$ 表示输出的函数；$ta: S \to R^+_{0-\infty}$ 表示时间推进的函数。

在没有外部事件的发生时，并行的 DEVS 模型 M 将在 $ta(s)$ 时间内保持其系统状态

$s \in S$ 不变，当持续时间结束后，系统将会有输出值 $Y^b = \lambda(s)$，状态将转变为 $\delta_{int}(s)$。在持续时间未结束前，如果有外部事件的发生，系统将状态转变为 $\delta_{ext}(s, e, x)$。当内部状态和外部状态同时发生转换时，DEVS 模型将采用综合的转换函数 δ_{com} 来确定其下一时刻即将出现的状态。

在 DEVS 模型中，输入的值 X^b 和输出的值 Y^b 都是以集合的形式给出。所以，在有一个或者多个事件同时出现于同一个端口时，并行的 DEVS 模型允许多个组件在同一时刻发送到同一端口。下面给出有基本组件耦合的 DEVS 多组件模型的结构定义如下：

$$CM = < X, Y, D, \{M_j\}, C_{ext}, C_{int}, C_{out}, \text{Select} > \qquad (3\text{-}16)$$

式中，X 表示输入的事件集；Y 表示输出的事件集；D 表示相同的子组件集；$\{M_j\}$ 表示子组件集；$j \in D$；M_j 表示原子模型或者耦合模型；$C_{ext} \subseteq X \times \bigcup_{i \in D} X_i$ 表示外部的输入集；$C_{int} \subseteq \bigcup_{i \in D} Y_i \times \bigcup_{i \in D} X_i$ 表示内部的输入集；$C_{out} \subseteq \bigcup_{i \in D} Y_i \times Y^\varphi$ 表示外部的输出集；Select：$2^D \rightarrow D$ 表示选择函数，主要是定义在该组件同时发生的事件如何选择其中的一个事件。

目前，DEVS 在连续或者离散系统的模拟中得到了广泛的应用。例如，控制系统和自治代理系统等方面。DEVS 在生物行为的分析及研究其与生物系统中实体间的关系的系统生物学方面也有应用。例如，Uhrmacher 和 Priami 用提出的用 DEVS 和微积分的方法来研究分析生物系统中复杂的关系等。

b. 基于 DEVS – 王正非林火蔓延模型。DEVS – 王正非模型是基于离散事件系统规范（DEVS）的林火蔓延模型。图 3-1 表示了 DEVS – 王正非模型的体系结构。林火蔓延模型是由多个单细胞空间模型耦合在一起的，这是 DEVS – 王正非的核心。细胞空间模型读取地形（坡度和坡向）、可燃物和天气数据，并用王正非模型来计算火势蔓延的速度和方向。

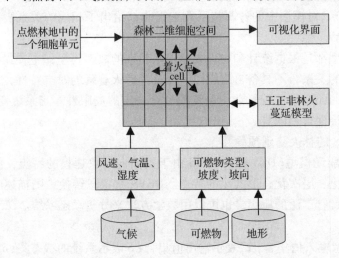

图 3-1   DEVS – 王正非模型体系结构图

如图 3-1 所示，在 DEVS – 王正非模型中，林火蔓延区域划分为二维的正方形细胞单元空间，其尺寸取决于 GIS、可燃物数据和地形数据的分辨率。每个细胞单元格用 cell(x, y)表示其在细胞单元空间中的位置，并有 8 个周围的细胞。对于每个细胞单元，其可燃物和地形数据在细胞中的分布是均匀的。每一个细胞都看作一个 DEVS 的原子模型，在模拟过程中全都可以转换到不同的林火状态(如未燃烧、燃烧、已燃烧)。所有细胞都与天气模型进行耦合，可以随时接收随时间变化的天气数据(包括风速和风向)。在 DEVS - 王正非模型中，由于其点燃了 8 个方向为点燃的邻居细胞，所以 DEVS - 王正非林火蔓延模拟可以建为传播过程的模型。一旦一个细胞被点燃，便利用基于可燃物、坡度、坡向和天气数据的王正非林火蔓延模型计算器传播速度和方向。然后根据椭圆模型将速度分解到与其相邻的 8 个邻居细胞上。

在 DEVS - 王正非模型中，所有的细胞在最初时都设置为未燃烧状态，如果一个细胞收到点火消息，而且细胞中的火强度大于设定的燃烧阈值，那么其细胞状态可变为燃烧状态。因此，可以定义一个包含林火实验区所有的细胞状态变化向量 $fire \in FIRE_n$，$FIRE = \{ < 未点燃, 0 > ; < 正点燃, FI > ; < 已点燃, 0 > \}$。其中 n 表示整个实验区域的所有细胞个数，FI 表示当前正准备点燃的细胞火线强度，已点燃和未点燃的细胞火线强度都设置为 0。当林火蔓延发生时，林火的蔓延随着时间的推移由于可燃物、坡度、坡向和天气数据的不同而发生变化，从而形成不同的火前线形状，火前线细胞集合可表示为：

$$fire_{t+\Delta t} = DEVS - 王正非(fire_t, \theta_t, \Delta t) \tag{3-17}$$

式中，$fire_t$ 和 $fire_{t+\Delta t}$ 分别表示在 t 和 $t + \Delta t$ 时间的火前线细胞集；θ_t 表示影响林火蔓延的其他因子；Δt 表示模型预测林火蔓延的时间间隔。

3.2.2　林火强度

林火强度既是林火行为的一个重要指标，也是林业工作者做好森林防火工作的重要数据。根据林火强度的大小，指挥现场扑火各项工作；评价林火的生态效应(对动植物及土壤、水源、大气等的危害和污染程度)；指挥营林用火工作及其效益评价等。

在研究自然条件下森林植物燃烧、防火、灭火及营林用火等项工作时，需要估算和预测火场的燃烧强度。多年来，出现了"热辐射强度""发热强度""对流强度""反应强度""火面强度"等描述林火强度的方法。常用的"火线强度"是指在某地点上在单位时间内单位长度火线上产生的热量。"反应强度"是单位时间单位面积上释放的热量；"火面强度"是单位燃烧面上释放出来的热量。几种火强度计算方法：

$$I_L = H\bar{W}v \tag{3-18}$$

$$I_R = H\bar{W}/t \tag{3-19}$$

$$I_A = 11.35\, I_L/v \tag{3-20}$$

式中，I_L 为火线强度，kW/m；I_R 为反应强度，kW/m^2；H 为可燃物热值，kJ/kg；$\bar{W}$ 为有效可燃物量，kg/m^2；v 为蔓延速度，m/s；t 为燃烧时间，s；I_A 为火面强度，kJ/m^2。

在火线上某一点可燃物稳定燃烧的时间取决于火线推进的速度。如果以 D 代表火线宽度(火焰深度)，则蔓延速度 $v = D/t$，即 $t = D/v$，所以 $I_L = I_R \cdot D$，即 $I_R = I_L/D$。

森林燃烧火线强度变化很大，变化范围在 75 ~ 100 000 kW/m。常常根据火线强度将森林燃烧划分为不同等级：75 ~ 750 kW/m 为低强度火；750 ~ 3550 kW/m 为中等强度火；3500 kW/m 以上为高强度火；当火线强度超过 4000 kW/m 时，火线上的所有生物都会被烧死，大多数树冠火的火线强度在 10 000 ~ 30 000 kW/m。

火强度可根据火焰高度和燃烧后地表状况、土壤温度、灌木被烧程度、树干烧焦高度、树冠烧焦高度进行判断。

低强度火火焰高度在0.5~1.5 m，火烧后地表枯落物被烧焦，土壤表面最高温度为177℃，土层0.76 cm深处温度为121℃，灌木林树冠烧毁不超过40%，其中还有残留未烧或轻度火烧的带有树叶和小枝的灌木。

中强度火火焰高度在1.5~3.0 m，火烧后地表枯落物层被烧成黑灰状，表土最高温度可达399℃，土层0.76 cm深处温度达280℃，灌木林树冠烧毁40%~80%，残留部分的直径在0.6~1.3 cm之间。

高强度火火焰高度在3.0 m以上，火烧后地表枯落物层被烧成白灰，表土最高温度可达510℃，土层0.76 cm深处温度达399℃，灌木和大枝杈都被烧毁。

3.2.3 火烈度

火烈度是指单位面积上能量释放的速度与燃烧时间的乘积。当能量释放速度相同时，燃烧时间长者火烈度大。某些林火单位时间释放的能量不大，但燃烧时间长，其烈度大，如地下火。某些林火，单位时间释放的能量很大，但燃烧时间很短，其烈度不大，如速进地表火的烈度往往比稳进地表火要小。

火烈度反映了森林火灾对森林植物和森林生态系统的破坏程度。火烈度大的火灾对森林植物和森林生态系统破坏程度要严重得多。

火烈度在20世纪70年代中期才由加拿大学者提出，80年代我国陈大我提出用火烈度指标衡量或估计火灾对林木的损伤率（林木死伤株数/hm^2）和森林蓄积量（m^3/hm^2）的损失百分率，其公式如下：

$$P(\%) = \frac{b I_L}{\sqrt{v}} \times 100$$

式中，P为林木损伤率，%；b为树种抗火能力系数；I_L为火线强度，kW/m；v为蔓延速度，m/min。

3.2.4 对流烟柱

对流烟柱是由森林可燃物燃烧时产生的热空气垂直向上运动形成的。典型的对流烟柱可分为可燃物载床带、燃烧带、湍流带（过渡带）、对流带、烟气沉降带、凝结对流带等几部分。对流烟柱的形成主要取决于燃烧产生的能量和天气状况。

有研究表明，每米火线每分钟燃烧不到1 kg可燃物时，对流烟柱高度仅为几百米；每米火线每分钟消耗几千克可燃物时，对流烟柱高度高达1200 m；每米火线每分钟消耗十几千克可燃物时，对流烟柱可发展到几千米；前苏联学者研究，地面火线长100 m，对流烟柱可达1000 m。

对流烟柱的发展与天气条件密切相关，在不稳定的天气条件下，容易形成对流烟柱；在稳定天气条件下，山区容易形成逆温层，不容易形成对流烟柱。在热气团或低压控制的天气形势下形成上升气流，有利于对流烟柱的产生；在冷气团或高压控制的天气条件下为下沉气流，不利于形成对流烟柱。对流烟柱的形成与大气温度梯度和风力的关系更密切。

地面气温与高空气温差越大越易形成对流烟柱。Byram 研究认为高空的风场动能(p_w)和火场热能(p_f)的关系决定林火发展的性质和对流烟柱状况。当离地面 300~1200 m 的空中 $p_w > p_f$ 时，林火发展极为迅速，但对流烟柱常遭到破坏；$p_w = p_f$ 时，林火燃烧猛烈，能形成对流烟柱；$p_w < p_f$ 时，林火燃烧极为猛烈，能形成高大的对流烟柱；当风速为 3 m/s 时，需要火线强度大于 2023 kW/m 才能形成对流烟柱。Kerr 等人根据对流烟柱的特点将林火分成 8 种类型，各种类型的主要特点见表 3-6。

表 3-6　对流烟柱类型表

代码	类　型	主要特点
I	高耸的对流烟柱和轻微的地面风	当大气或可燃物改变时持续的中等到快速的大火
II	高耸的对流烟柱越过山坡	具有对流柱的短期快速越过鞍形场的大火
III	强大的对流柱和强大的地面风	具有短距离飞火区的快速、飘浮不定的大火
IV	强大的对流柱和中等的地面风	具有短距离飞火区的稳定或飘浮不定快速的大火
V	倾斜的对流柱和中等的地面风	既具有短距离又有长距离飞火区的快速飘浮不定的大火
VI	在强大的地面风下，没有上升的对流柱	被热能和风能驱使的特快大火，通常具有近距离的飞火区
VII	山地条件下强大的地面风	既有快速的上山火，又有快速的下山火，通常具有大面积的火场和飞火区
VIII	多个火头	火的前缘具有两个或以上的独立对流柱

3.2.5　飞火

　　飞火是由上升气流将正在燃烧的森林可燃物带到空中后飘洒到火场外的一种火源。强大的对流柱是形成飞火的必要条件。如果对流柱倾斜，被对流气流卷扬起来的燃烧物在风力和重力作用下，作抛物线运动，会被抛出很远的距离。被卷扬起来的燃烧物能否成为飞火，直接取决于风速、燃烧物的重量和燃烧持续时间。那些重量轻助燃烧持续时间长的燃烧物才是形成飞火的最危险的可燃物，如鸟巢、蚁窝、腐朽木、松球果等。瓦边季克等研究认为，形成飞火最危险的可燃物是稍腐朽的、直径与长之比为 1:4 的圆柱形松木。森林火灾的快速蔓延除了与风速有关以外，还与一种特殊蔓延现象有关，即飞火。林火燃烧过程中产生一些碎木片及小枝、树叶等，这些燃烧着的可燃物随着强烈的羽流上腾，脱离地表边界层之后，受到环境风力的影响，降落在远处，形成新的火场，这种跳跃式的火灾蔓延方式，是林火特有的现象。1987 年大兴安岭"5·6"特大火灾中，黑龙江马林林场有一条小河，并没有阻挡火势的蔓延，那些随着大风漫天飞舞的小枝叶及碎木片很快点燃了马林林场，2 h 之后林场被全部烧完。

　　飞火的产生与可燃物的含水量密切相关。当可燃物含水量较高时，脱水引燃需要较长时间和较多热量，夹带在对流柱中的这类可燃物不能被点燃引燃。当可燃物含水量太低时，引燃的可燃物在下落到未燃烧区之前已经烧尽，也不会产生飞火。国外资料推荐细小可燃物含水率为 7% 是可能产生飞火的上限，而含水率为 4% 是产生飞火的最佳含水率。

3.2.6 火旋风

火焰龙卷风又称火怪、火旋风、火暴，是指当火情发生时，空气的温度和热能梯度满足某些条件，火苗形成一个垂直的漩涡，旋风般直插入天空的罕见现象。旋转火焰多发生在灌木林火，火苗的高度在 9~62 m 不等，持续的时间有限，一般只有几分钟，但如果风力强劲能持续更长的时间。其实这种暴风是火灾本身造成的，是火灾发展到一定阶段的产物。火旋风有两种类型：一种为立轴式；另一种为水平轴式。按其产生条件分为静止型火旋风（完全由自然对流产生的火旋风）和动态型火旋风（由强迫对流产生的火旋风）。因为森林火灾多为强迫性对流，所以多为动态型火旋风。

美国林务局南方森林火灾实验室用自制的火旋风模型所做的实验表明，高速旋转的热气流的速度可达 23 000~24 000 r/h，水平移动速度达 12~16 km/h，从中心向上的速度达 25~31 km/h，并且证明这种燃烧能提高燃烧速度 3 倍。

火焰龙卷风的形成需要具备一定条件：一是强烈的热量生成，导致向上的羽流；二是上升气流与供风气流的不对称相结合，一起形成旋转的空气涡流。火焰龙卷风的形成必须在火焰燃烧产生高温造成热对流上升后。如果上升时供风不对称，上升的气流会开始旋转，便可能形成所谓的火焰龙卷风。在外观上，这些旋转的气流可收紧形成类似于龙卷风的结构，边旋转、边吸入、边燃烧、边上升。火的热力令空气上升，周围的空气从四面八方涌入，形成卷吸，火焰龙卷风便形成了。最著名的天然火旋风，莫过于著名的 1923 年东京大地震，震后发生大火，在广场避难的 38 000 人，因为周围建筑的大火产生了火旋风快速消耗了氧气，导致窒息而亡。

最常见的火旋风是森林大火中的火旋风（图 3-2），火焰龙卷风夹卷着火焰，像一条火龙一样旋转前进，所到之处皆为灰烬。其大风威力足以将一棵小树连根拔起，可持续推进 1 h 以上，其带来的大火难以扑灭。历史上著名的火旋风还有 1871 年 10 月 8 日，一场森

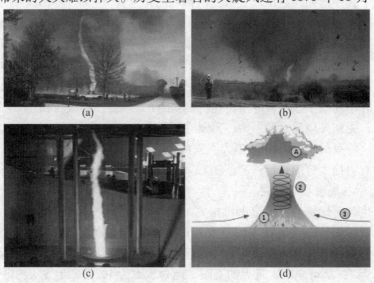

图 3-2　火旋风形成示意

林大火席卷了美国威斯康星州东北部的格林贝湾两岸，总共大约有 1500 人丧生，大火伴随着强烈的大风，大量的大树被风扭弯甚至连根拔掉，车库及建筑物的屋顶被掀开，风卷着火舌，形成龙卷风样的旋涡。1987 年 5 月 7 日，风速突变之后的大兴安岭大火也发生了火旋风，盘中、马林两个林场在火来到前，都有黑色飓风旋转着袭来，把居民房上的铁瓦盖卷向天空。扑火队员看到了火在树梢螺旋式旋转着，以及旋转燃烧的椭圆形火团。燃烧着的帐篷被火旋风卷向天空。1988 年，美国黄石公园大火也有一个失控的转折点，是以风向突然改变，消防队员措手不及为标志。1991 年，加州湾区大火，事后伯克利教授帕格尼使用鲍姆与麦卡福瑞的火致流动理论，根据气象资料复制了火场气象流动的变化，证实了火旋风的生成是火灾能量释放与大气环境互动的结果。

3.2.7　火啸

树梢、树叶被干燥后，点燃的过程可以非常迅速地形成一种快速点火燃烧现象，俗称"火啸"。对大兴安岭大火的描述，经常提到一种"火啸"现象。通常理解的火焰按常规逐步蔓延，是基于火灾规模较小，通过地表传热和少量的辐射强度大为增加，所以有人说火焰是从空中过来，泛黄、泛红，四面八方一片。林间树叶"噼啪"作响，说明辐射强度大。当水分被烤干后，剩下的可燃物开始升温，并释放出可燃气体，因为是一片树林受到煎烤，可燃物积累到一定程度，突然被点燃，发出"呼"的一声，整片森林被点燃。那么，为什么会产生"火啸"呢？

第一，可燃物干燥，每年春季来自西伯利亚的冷风是干燥的，而来自南方的气流是温暖的，两者共同决定环境湿度和可燃物干燥度，当年漠河地区的降水量只为平常年份的 30%，5 月的温度从 8℃上升到 24℃。

第二，大量的浓烟产生一定的辐射强度，持续干燥和预热附近新鲜的森林可燃物，可燃物发生热解过程，产生大量的可燃气体。

第三，一旦条件具备，预混预热之后的可燃气体同时被点燃，产生强烈的扰动和发出巨大的声音，即为"火啸"。

思考题

1. 林火的种类有哪些？各有什么特点？
2. 林火行为有哪些？
3. 林火蔓延速度对扑火队员的威胁主要有哪些？
4. 火强度的测定方法有哪些？
5. 简述火烈度与火强度的区别与联系。

第4章

森林火灾预防与监测

4.1 火源管理

火源是引起森林火灾的关键。因此，了解和掌握森林火灾的火源规律，管好火源，是预防森林火灾的关键。

4.1.1 火源的地理分布规律

雷击火的高纬度分布规律；人为火因生产习惯和风土人情的不同，而呈地理和地域的分布规律。我国的火源分布规律：南部地区在农、林、牧的生产上有用火的习惯，所以烧垦烧荒、烧灰积肥、炼山等是这些省份的主要火源。西部地区习惯烧牧场和烧荒，常引起火灾。东北、内蒙古林区机车喷火、甩闸瓦，还有习惯性烧荒、烧茬跑火是这些地区的主要火源。

4.1.2 火源的时间分布规律

由于地理、气候、生产以及民间习俗的关系，森林火灾也有它的时间分布规律。

(1) 我国火源的时间分布规律

森林火灾出现的时间：春天由南向北推进，秋天由北向南推进。出现火灾的季节是：热带、亚热带、暖温带是春季和冬季；温带、寒温带是春季和秋季；新疆地区是夏季。火灾最危险的季节是：热带 2~3 月、亚热带 3~4 月、暖温带和寒带 4~5 月、寒温带 5~6 月、新疆地区 7~8 月。

(2) 火源的年变化规律

①我国各地的森林火灾因气候变化每年有差异，火灾出现的月份也有变化；

②各种火源在一年当中，不同火源出现的频率不一样，同一火源在不同月份的出现频

率也不一样。例如：高颖仪对吉林省上坟烧纸火源作了月分布、日分布、时分布的研究，可以看出上坟烧纸火源主要出现在清明节前后(4 月 5 日左右)。

4.1.3　火源变化的规律

①生产性火源随生产季节变化而变化；

②生产性火源随林区的生产开发项目增多而增加；

③火源种类随国民经济的发展而变化；

④非生产性火源在逐年增加；

⑤非生产性的火源主要是吸烟、篝火、迷信烧纸和燃放烟花爆竹等，在逐年增加；

⑥节假日的火源明显增加；

⑦火源随居民密度和森林覆盖率的增加而增加。

4.1.4　森林火灾的火源管理技术

控制火源是防止森林火灾的一种古老的、传统的、行之有效的办法。

4.1.4.1　自然火源的管理

主要是雷击火的管理。目前，发达国家应用雷达测向和定位观测雷击火，还有应用小火箭等防雷；意大利林业部门对重点大树安装避雷针后，再也没有发生雷击火；我国黑龙江森林保护研究所曾提出雷击火预报方法(利用回波分析技术，配合观测资料，绘制闪电引燃图，可表示雷击火可能发生的位置)。

4.1.4.2　人为火源的管理

人为火源的管理是一项社会性、群众性、技术性很强的工作，主要通过行政、技术和法律的手段进行。火源管理的技术工作内容包括：火源统计分析、绘制森林火灾发生图、划分森林防火期、火因调查、制定目标管理指标等。

(1)火源统计分析

火源统计分析是火源管理最基础的工作。包括统计：火源种类、火源的地理分布、火源的时间分布(包括年、月、日、时)。

(2)绘制森林火灾发生图

将某一地域的历史森林火灾发生数据按网格式行政区划(县、旗或乡、镇)绘制在一张地域或区域图上，以显示各地森林火灾发生的不同情况。绘制森林火灾发生图为建立防火设施、确定主火源防范区、确定重点巡护区和巡护路线、发布林火发生预报等提供决策依据。

(3)划分防火期

如何确定防火期，目前研究报告比较少，我国各地的防火期确定还存在某些主观性。也有利用林间空地积雪完全融化日，高颖仪采用火灾累积频率(1%~100%)，我国北方提出长年防火期(除冰雪覆盖外)，南方提出划分一般防火期、重点防火期(春、冬)和特别防火期(个别月份，如清明节)。

(4)起火原因调查

包括历史火灾的火因统计分析(分析时间、地理分布规律和变化趋势)和现实火灾的火因调查(侦破火案、总结经验等)。

4.1.4.3　严控火源，切实消除火险隐患

严控火源重点要放在控制人为火源上。对生产性火源的控制，主要是严格执行用火制度；非生产性火源的控制重点是对入山人员的警示、检查、管理。严控火源主要从以下几个方面着手。

(1)严禁野外用火

进入防火紧要期，及时发布森林防火戒严令，严禁野外用火。严格生产用火的审批，加强指导，严防失火。加强春游、秋游、节假日，特别是清明节期间的火源管控。为严格控制火源，加大对野外作业点的监督管理，严格执行森林防火用火审批制度；防火期内，进驻林内的单位和个人必须持有防火主管部门批准的生产作业合同书和所在施业区出具的证明，注明作业的种类、位置、负责人、作业时间、作业范围等，由县级森林防火部门办理野外作业批准书后，方可入山作业；每个作业点收取一定数额的防火抵押金，由林场负责统一收缴上交防火办财务，作业结束后，没有问题的，注销合同，返还防火抵押金；进入林内的作业点，必须严格执行野外用火的有关规定，五级风以上天气，停止一切生产生活用火；如需要延长时间，必须到所辖区域内的防火办办理延长手续。

(2)加强巡护

防火期内各级防火责任人要到岗到位，加大对重点山场、重点部位和人员活动密集区的巡查力度，不留死角。瞭望台、防火检查站要切实做好火情监测，不留盲区。防火期内，特别是高火险时段，在重点火险区域、人为火多发区、林区主干线和通往林内的要道，必须有巡护检查人员，严格控制火源入山。

(3)加强重点人员和重要部位管理

对痴、呆、傻等特殊群体，落实专人监护；对吸烟人员登记造册，逐人签订保证书。各级森林防火指挥部要组成检查组对各责任区每个防火期的防火工作进行检查。进入防火期前检查森防工作准备情况，防火期结束后进行检查评比；进入防火期根据实际情况，随时检查森防工作各项措施落实情况。每个防火期随机检查不少于两次；检查组要做好检查记录，详细记载时间、参加人员、检查项目、存在问题、整改措施、整改的时限；及时收集各责任区情况，限期整改的情况反馈。

(4)加强入山管理

防火期内，凡未经批准的任何单位和个人不准擅自入山进行作业或从事其他活动；各防火检查站、巡护组及管护人员，对过往的行人和车辆要严格检查，严禁无证人员和无防火装置的车辆进入林内；经批准进入林内从事生产作业的人员，必须接受防火知识培训后方可进入林内作业；在防火期内，在主要交通道口，要增设临时岗卡，严禁闲散人员进入林内。

4.2　森林可燃物管理

森林可燃物是指森林中所有可以燃烧的物质，包括森林中存在的有机物，如乔木、灌木、草本植物、苔藓、地衣、地表枯枝落叶及地表以下的腐殖质和泥炭等。森林可燃物的种类、组成、结构和数量影响着森林燃烧的性能，因而对森林火灾的发生、蔓延和扑救以

及安全用火均有明显的影响。

可燃物的管理工作包括可燃物的分类、可燃物燃烧性的研究、可燃物火险等级的划分、可燃物火险等级分布图的绘制、计划烧除、易燃林分的改造等。

(1)定期清除易燃林分内的下木、灌木和杂草

在全林分内开展是非常费工费时,且成本很高,所以,可用类似于开设林火阻隔网的方式操作。

(2)在存在树冠火隐患的林分内进行修枝

低垂的树枝,特别是枯枝,是地表火转变为树冠火的阶梯。通过修枝,增加枝下高,加大树冠至地面的距离,不仅可以防止地表火转变为树冠火,而且还可以促进林木的健康生长,改善林内的小环境,使林内小环境朝着不利于林火发生发展的方向转变。

(3)选择适当的采伐和抚育方法,对采伐剩余物做适当的处理

当林木由于过密或者受压等原因造成生长不良或者濒于枯死、伏倒、折断等,造成林分杂乱物急增时,应及时抚育采伐或卫生伐,通过减少易燃可燃物的数量,降低林分的燃烧性和火强度。

(4)对保存率没有达标的新造林地,应尽早补植,促使林分及早郁闭

林分未郁闭前,特别是保存率没有达标的新造林地,林木间杂草丛生,容易引起火灾,应及时补植,促使林分及早郁闭,以降低林分的燃烧性。

(5)营造针阔混交林,把森林火灾的预防落实到造林(更新)的规划中

实践证明,针阔混交林不仅具有较高的生产力,而且具有较强的抗火性和阻火性。例如,我国南方营造的"杉木火力楠混交林""杉木马尾松木荷混交林"等已经被证明比杉木、马尾松纯林的燃烧性低。所以,在人工造林或更新之前,把森林火灾的预防落实到规划中是必要的。

(6)加强天然林保护与经营工作

天然林有很多不同于人工林的特点和性质,其具有群落结构合理、抵御自然灾害能力强的特点。尤其是原始林,在生物多样性、层次、年龄、种群数量等方面都有着合理的配置,形成功能完整的生态系统,具有很强的再生恢复能力,当受到各种自然的与人为的干扰后,自身能较快较好地恢复。这些特点对预防森林火灾的发生是非常有利的。所以,保护、经营好天然林的同时,也为森林防火做了大量的有益工作。

(7)改造易燃林分

易燃林分的改造,是森林防火的一项基础工作,也是一项长期而艰巨的战略任务,特别是在我国南方显得尤为突出。例如,由于人为破坏,本来难燃的热带雨林和亚热带季雨林,有些已退化为易燃的杂灌林。因此,改造此类林分刻不容缓。如广东增城在马尾松林内间种黧蒴栲、湖南省长沙市附近的农户在林内间种栲类树种。

(8)大力营造生物防火林带

所谓生物防火就是指利用生物之间的差异性,利用生物—生物、生物—环境、环境—环境相互作用所改变的火环境,来阻止、隔断林火的蔓延,减少火灾损失,保护森林资源和人类生命财产安全,降低林火成灾率的一种生物措施。营造防火林带,是当今生物防火的主体,是预防和控制森林火灾的治本措施之一,具有高效、多效、时效性长等特点。

4.3　森林防火宣传与培训

森林防火宣传教育是贯彻执行"预防为主，积极消灭"的森林防火方针的重要保障。需要利用各种宣传形式，扩大宣传广度，深化宣传实效，提高宣传教育的覆盖面，完善森林防火教育设施。

4.3.1　传统森林防火宣传

预防森林火灾是一项社会性、群众性很强的工作，它涉及每一个公民。宣传教育作为一种防火手段和措施要有针对性，并且形式要多样化。

（1）设置永久性宣传设施

森林防火宣传牌是加强林区人民预防森林火灾的警示牌，提高林区人民和进入林区人民的森林防火意识。因此，在森林公园、自然保护区、主要林区、旅游景区、公路沿线设置森林防火宣传意义非凡。如标语牌（森林防火、人人有责）、大型宣传画板及林缘、道路两侧的防火宣传设施等。

（2）利用各种宣传工具

如广播、电视、电影、互联网、手机、多媒体、幻灯、宣传车、飞机空投传单、气球携带宣传条幅等全方位地宣传森林防火知识。

（3）利用各种宣传形式

如在防火期间召开职工、家属会议及群众大会；编印散发宣传提纲、小册子、传单以及宣传画等；组织宣传队或文艺小分队巡回宣传等；组织森林防火知识竞赛、演讲、宣传月、宣传周等活动；在教科书封面或插页、烟盒、烟灰缸体、火柴盒等用具上，印刷防火宣传画或标语；发行防火邮票；印制防火挂历；编发手机短信等。针对不同职业、年龄、文化层次、兴趣爱好等采取不同的宣传教育形式。对学龄前儿童及中小学生进行教育，提高全民防火意识，必须从娃娃抓起。只有从小就对他们灌输护林防火知识，把热爱自然、护林防火深深扎根于每个人的潜意识中，才能从根本上增强全民的防火意识。

4.3.2　新型森林防火电子语音宣传杆

CYASD-02型森林防火电子语音宣传杆利用太阳能电池供电，防雷电保护，远红外线探测器由电脑芯片控制，探头可360°旋转，感应到行人后自动播报预设音频，同时警示灯亮，适用于森林公园、森林火险高发地段入口处安全警示，是一种良好的森林防火宣传途径（图4-1）。

(a)　　　　　　　　　　(b)

图4-1　CYASD-02型森林防火电子语音宣传杆

4.3.3 森林防火培训

对各级森林防火指挥员、森林火灾扑火队员、林业职工、乡镇干部、主要村民等进行森林防火理论与扑救知识培训，增强防火自觉性，提高扑火效率，减少死拼硬打，避免扑火人员伤亡。

4.4 森林火灾行政预防

4.4.1 实行森林防火责任制

森林防火是一项群众性、社会性很强的工作，涉及面广，特别是扑救重大森林火灾，需要调动部队、铁路、交通、民航、邮电、气象、民政、公安、商业、供销、粮食、物资、卫生等方面的力量，靠一个部门是难以完成的，必须由当地人民政府统一领导、统一组织、统一指挥，才能做好这项工作。《中华人民共和国森林法》(以下简称《森林法》)规定，"地方各级人民政府应当切实做好森林火灾的预防工作"。《中华人民共和国森林防火条例》(以下简称《森林防火条例》)进一步规定，"森林防火工作实行各级人民政府行政领导责任制"，《森林防火条例》实施以来，省、地市、县、乡(镇)都建立了森林防火四级行政领导责任制，层层签订责任状。

森林防火责任制的内容主要是，地方各级人民政府对本地区森林防火工作全面负责，政府主要负责同志为第一责任人，分管负责同志为主要责任人。

森林防火行政领导责任制的具体要求有 5 项：①乡(镇)级以上各级森林防火指挥部及其办事机构健全稳定，高效精干；②森林防火指挥部要明确其成员的森林防火责任区，签订防火责任状，加强对火灾预防工作的领导，并经常深入责任区督促检查，帮助解决实际问题，及时发现火灾隐患并督促改正；③森林防火基础设施建设纳入同级地方国民经济和社会发展规划，纳入当地林业和生态建设发展总体规划；④森林火灾预防和扑救经费纳入地方财政预算；⑤一旦发生森林火灾，有关领导及时深入现场组织指挥扑救。

4.4.2 依法建立健全森林防火组织

为了加强森林防火工作，《森林防火条例》规定，国家设立国家森林防火指挥部，其职责是：①检查、监督各地区、各部门贯彻执行国家森林防火工作的方针、政策、法规和重大行政措施的实施，指导各地方的森林防火工作；②组织有关地区和部门进行重大森林火灾的扑救工作；③协调解决省、自治区、直辖市之间、部门之间有关森林防火的重大问题；④决定有关森林防火的其他重大事项。国家森林防火指挥部办公室设在国务院林业主管部门(图 4-2)。

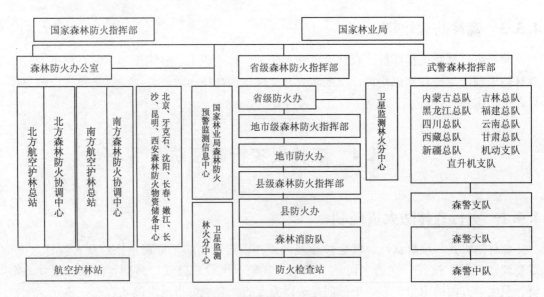

图 4-2　全国森林防火组织机构

4.4.3　森林火灾的预防管理

4.4.3.1　建立森林防火责任制度

《森林防火条例》规定，"地方各级人民政府应当组织划定森林防火责任区，确定森林防火责任单位，建立森林防火责任制，定期进行检查。""在林区应当建立军民联防。"

4.4.3.2　进行森林防火宣传教育

《森林防火条例》规定，"地方各级人民政府要组织经常性的森林防火宣传教育，做好森林防火预防工作。"

4.4.3.3　规定森林防火期和森林防火戒严期

《森林防火条例》规定，县级以上地方人民政府，应当根据本地区的自然条件和火灾发生规律，规定森林防火期；在森林防火期内出现高温、干旱、大风等高火险天气时，可以划定森林防火戒严区，规定森林防火戒严期。

4.4.3.4　建立森林防火的各项具体制度

根据《森林法》和《森林防火条例》的规定，具体制度主要包括：入山人员管理制度、机动车辆防火制度、使用枪械等防火制度，建立森林防火专用车辆、器材、设备和设施的使用管理制度。

4.4.3.5　建设森林防火设施

主要包括森林防火机具购置、防火林带建设、防火道整修、瞭望台建设、防火警示牌等。

4.4.3.6　做好森林火险天气预测预报工作

《森林防火条例》规定，"各级气象部门要根据森林防火的要求，做好森林火险天气监测预报工作，特别要做好高火险天气预报工作。报纸、广播、电视部门要及时发布森林火险天气预报和高火险天气警报"。

4.4.3.7　其他防火工作制度

如表彰奖励制度、对在扑火中受伤牺牲人员的医疗抚恤制度、统计上报归档制度、违法行为处罚制度等。

（1）表彰奖励制度

按照《森林防火条例》的规定，有下列事迹的单位和个人，由县级以上人民政府给予奖励：①严格执行森林防火法规，预防和扑救措施得力，在本行政区或者森林防火责任区，连续 3 年以上未发生森林火灾的；②发生森林火灾及时采取有力措施积极组织扑救的，或者在扑救森林火灾中起模范带头作用，有显著成绩的；③发现森林火灾及时报告，并尽力扑救，避免造成重大损失的；④发现纵火行为，及时制止或者检举报告的；⑤在查处森林火灾案件中做出贡献的；⑥在森林防火科学研究中有发明创造的；⑦连续从事森林防火工作 15 年以上，工作有成绩的。

（2）对在扑火中受伤牺牲人员的医疗抚恤制度

因扑救森林火灾负伤或牺牲的国家职工（含合同制工和临时工），由其所在单位给予医疗、抚恤；非国家职工由起火单位按国务院有关主管部门的规定给予医疗、抚恤；起火单位对起火没有责任或确实无力负担的，由当地人民政府给予医疗、抚恤。

（3）统计上报归档制度

发生森林火灾后，当地人民政府或者森林防火指挥部，应当及时组织有关部门对起火的时间、地点、原因、肇事者，受害森林面积和蓄积，扑救情况，物资消耗，其他经济损失，人身伤亡以及对自然生态环境的影响等进行调查，记入档案。对于国界附近的和重大、特大森林火灾，造成 1 人以上残废或者 3 人以上重伤的森林火灾，以及烧入居民区，烧毁重要设施或其他重大损失的森林火灾，应由省级森林防火指挥部或者林业主管部门建立专门档案，报国家森林防火指挥部办公室。

（4）违法行为处罚制度

根据《森林防火条例》第五章法律责任部分的规定，对违反条例的违法行为的处罚措施有 4 种：责令改正、行政处分（针对主管人员）、罚款、刑罚（构成犯罪的）。

第四十七条　违反本条例规定，县级以上地方人民政府及其森林防火指挥机构、县级以上人民政府林业主管部门或者其他有关部门及其工作人员，有下列行为之一的，由其上级行政机关或者监察机关责令改正；情节严重的，对直接负责的主管人员和其他直接责任人员依法给予处分；构成犯罪的，依法追究刑事责任：

第四十八条　违反本条例规定，森林、林木、林地的经营单位或者个人未履行森林防火责任的，由县级以上地方人民政府林业主管部门责令改正，对个人处 500 元以上 5000 元以下罚款，对单位处 1 万元以上 5 万元以下罚款。

第四十九条　违反本条例规定，森林防火区内的有关单位或者个人拒绝接受森林防火检查或者接到森林火灾隐患整改通知书逾期不消除火灾隐患的，由县级以上地方人民政府林业主管部门责令改正，给予警告，对个人并处 200 元以上 2000 元以下罚款，对单位并处 5000 元以上 1 万元以下罚款。

第五十条　违反本条例规定，森林防火期内未经批准擅自在森林防火区内野外用火的，由县级以上地方人民政府林业主管部门责令停止违法行为，给予警告，对个人并处

200 元以上 3000 元以下罚款，对单位并处 1 万元以上 5 万元以下罚款。

第五十一条 违反本条例规定，森林防火期内未经批准在森林防火区内进行实弹演习、爆破等活动的，并处 5 万元以上 10 万元以下罚款。

第五十二条 违反本条例规定，有下列行为之一的，由县级以上地方人民政府林业主管部门责令改正，给予警告，对个人并处 200 元以上 2000 元以下罚款，对单位并处 2000 元以上 5000 元以下罚款：

①森林防火期内，森林、林木、林地的经营单位未设置森林防火警示宣传标志的；

②森林防火期内，进入森林防火区的机动车辆未安装森林防火装置的；

③森林高火险期内，未经批准擅自进入森林高火险区活动的。

第五十三条 违反本条例规定，造成森林火灾，构成犯罪的，依法追究刑事责任；尚不构成犯罪的，除依照本条例第四十八条、第四十九条、第五十条、第五十一条、第五十二条的规定追究法律责任外，县级以上地方人民政府林业主管部门可以责令责任人补种树木。

4.5　生物防火林带建设

利用自然界的植物、动物和微生物构成森林防火绿色长城，预防或阻止森林火灾的发生和蔓延，尤其是利用不同植物和树种本身的燃烧性和其生物学、生态学特性，组成不同的防火林带，预防和控制森林火灾的发生和蔓延。主要防火林带的种类有：林内防火林带、林缘防火林带、铁路和公路两侧防火林带、小河和小溪防火林带、城镇和居民点周围防火林带等(图 4-3)。

(a)　　　　　　　　　　(b)

(c)　　　　　　　　　　(d)

图 4-3　生物防火林带

4.5.1　防火林带树种的选择和检验

生物防火林带的树种选择应坚持适地适树的原则。在区分耐火树种、阻火树种、抗火树种和防火树种的基础上，通过火场植被现场调查、实验测定和实地营造试验等方法选择并检验南方主要防火树种的防火性能。

我国很多林区，种植木荷、栓皮栎、苦槠、忍冬等，这些树种含粗油脂少，含水量大，具有良好的防火效果，其中尤以木荷为最佳。素有"烧不死"之称，在我国南方的一些国有林场有一个传统的习惯，在自己管辖的山场周围营造木荷防火林带。近年来，在有关部门对木荷林带进行数次抗火效能试验中，它都经受了考验。如原林业部防火办公室曾组织有关单位进行 5 次试验，每次火场面积都超过 500 m^2，火线宽超过 20 m，火焰高超过木荷林高度。每次凶猛的烈火都被宽 10 m 的木荷林带所阻隔，而自行熄灭，被烈火冲烧后的第一排木荷树有 30%~50% 的树叶被烤黄、烤焦，相隔 2 m 的第二排树有 5% 树叶被烤黄，第三排以后的木荷安然无恙。南方主要防火树种为木荷。

木荷又叫荷树。茶科常绿乔木，叶革质、互生、无毛，卵状椭圆形至长圆形，叶边缘钝锯齿，花白色。蒴果扁球形，分布于我国长江流域以南至两广及台湾省，喜光，深根性，耐干旱瘠薄，在分布区自然分布较广，适生于酸性土壤中，常与樟科、壳斗科树种或马尾松混交。生长速度中等，寿命长，是南方常见的用材树种，木材坚韧致密，耐久用，易加工，最适用于制造纺织用的纱管、纱锭，亦可供建筑、家具、胶合板、车船等用，树皮可提供栲胶。木荷适应性强，材质优良，为乡土珍贵用材树种。木荷幼树耐阴、大树喜光。垂直分布在 200~1200 m 的中、低山地和丘陵。适生于年平均气温 16.0~22.0℃，一月平均气温在 4℃ 以上。多分布于山地及丘陵坡地的下部、坡麓。在肥厚的酸性土壤上生长迅速，也能在较差的丘陵山地上生长。木荷生长速度中等，造林后 30 年内为速生阶段，其中树高连年生长量最大值出现在第 15 年前后，胸径连年生长量最大值出现在第 25 年前后。其树干通直，叶片革质，耐火，可作为林区防火林带建设树种。

木荷能防火表现在以下几个方面：一是革质的树叶含水量达 42% 左右。也就是说，在木荷树叶成分中，有将近 50% 的是由水分构成的，这种含水率大的特性，使得一般的火灾奈何不了它；二是木荷树冠高大，叶子浓密。一条由木荷组成的林带，就像一堵高大的防火墙；三是木荷种子轻薄，扩散能力强。木荷种子薄如纸，每千克达 20 万粒左右。种子成熟后，能在自然条件下随风飘播 60~100 m，这就为它扩大繁殖奠定了基础；四是木荷有很强的适应性，既能单独种植形成防火带，又能混生于松、杉、樟等林木中，起到局部防燃阻火的作用；五是木质坚硬，再生能力强。坚硬的木质增强了木荷的拒火能力，更惊奇的是，即使头年过火，被烧后的木荷第二年就萌发出新枝叶，恢复生机。木荷既是良好的用材林，又是美丽的观赏林，但人类越来越欣赏它的防火特长。有的将它混种于其他林木之中，更多的以它为主体形成防火林带，起到良好的防火效果。

4.5.2　防火林带的营建原则

防火林带的营建必须保证其防火效能，防火树种具有良好的防火结构，林带宽度要满足有效宽度模型；防火林带要与其他自然防火障碍系统（河流、水库、陡坎、公路等）构成封闭的系统；防火林带的设置要考虑防火道路的通行等。

4.5.3　防火树种定向培育技术和综合利用

根据防火树种培育目标选择一些优良的防火树种，进行定向培育，采用农林复合经营技术，发挥防火林带的综合效益。

4.5.4　南方木荷防火林带经营改造技术

（1）林带郁闭前的技术措施

①造林前进行全面整地或计划火烧一遍，彻底清除易燃物，达到当年造林，当年就有阻火作用的目的。

②加强幼林抚育管理，增加松土除草次数或进行林粮、林药间作，保持林带上无杂草。

（2）林带郁闭后的技术措施

①及时整除林冠下部自然枯死的枝条。

②每年或隔年要清除地表的落叶和杂草。

③在林带一侧或两侧开设 1~2 m 宽的生土带，对可能烧来的山火起到减弱火势的作用。

（3）防火林带改造的主要措施

①清理林地　把选作防火林带的林地内的倒木、枯立木、枝梗和杂乱物，应及时清理运出，也可在用火安全季节，在林中空地上堆集点烧。对林带内生长的易燃灌木和杂草，可采取化学灭除、人工打割或计划烧除等方法清理掉。

②抚育伐　在防火林带内伐掉易燃树种、病虫木、濒死木，对团状生长的林木进行疏伐，改善林分生长环境，促进保留木迅速生长。

③补植　对林带内比较稀疏的地段和空地，及时补植防火树种，使林分郁闭度保持在0.7 以上，抑制易燃杂草和阳性灌木生长。

（4）防火林带最佳配置比例

一是按照林带面积与综合效益的对应关系，建设防火林带绝对面积的大小；二是林带总面积在整个林分中所占的比例。研究表明，防火林带占整个森林面积的 4.0%~4.3%时，一般不会影响目的林分发挥其正常的生态经济功能，同时能达到预防和控制森林火灾的目的。

4.5.5　防火林带防护效益分析

（1）直接效益

防火林带的主要目的是阻止林火蔓延，减少森林火灾的损失。营造和改造防火林带各20.0 km，可保护约 15 000 亩的森林免受森林火灾的危害，火灾蔓延率将降低 90%。只按火场面积可减少 5% 计算，营造和改造防火林带后每公顷减少林木因火灾造成的蓄积损失15 m^3，假设林价按 500.00 元/m^3 计算，减少森林火灾带来的直接林木损失 37.50 万元；同时可大大降低森林火灾扑救的所需器材、人工、耗材等费用。

20 km 木荷林带，18 年后，每千米可产木材 126 m³，按 500.00 元/ m³ 计算，新增产值 126.00 万元。20 km 杨梅 8 年后，每千米可产鲜果 6 000 kg，按 2.00 元/kg 计算，每年可以新增产值 24.00 万元。防火林带每千米每年比防火线节省投工 2 人次，按 120 元一个工作日，每年节省投入 1 万元。防火林带宽度减少到 12 m，每千米可节省一半开支，同样新造 20 km 的防火林带，可节省投入 14.40 万元。

（2）间接效益

①保水价值　根据有关资料，每公顷森林每年可蓄水 900 t，按蓄水 1 t 工程水库造价为 0.5 元计，项目建成后防火林带本身每年蓄水价值为 2.16 万元，减少火灾带来的蓄水价值 45 万元。

②保土价值　每公顷森林每年固土 450 t，按固土 1 t 所需的工程造价为 0.6 元计，防火林带保护的森林每年固土价值为 28 万元。

③净化空气价值　按每公顷森林每年 600 元计，项目建设的防火林带保护的森林每年净化空气效益为 60 万元。

④景观价值　在景观生态建设中，防火林带的营造增加了景观的多样性，森林景观的格局发生了改变，景观的价值得到了提高。

4.6　计划烧除

何为计划烧除？计划烧除是国际公认的减少可燃物载量，降低森林火险等级，阻止森林火灾发展，减轻森林防火工作压力的有效手段，又称为"黑色防火"。计划烧除工作具有较大风险性，必须在有效的人为控制之下进行。计划烧除地域一般为：与林缘相连的沟塘草地；林区内农田残茬；穿越林区的铁路、公路一侧或两侧；乡镇、林场、村屯、林内各作业点和其他重要设施周围，要按标准开设生土隔离带，不允许点烧防火线。

4.6.1　计划烧除时段

（1）春季融雪期

①阳坡林缘点烧时段　阳坡林缘是积雪融化最早的地段，可先沿林缘与草地连接处点烧出控制线，将林地与草地分割。

②阳坡沟塘点烧时段　选择阳坡林地有 15%~20% 的残存积雪，山脊有明显"雪线"，林外阳坡草地无残雪，植物处于休眠时段点烧。

③阴坡点烧时段　选择阳坡、主沟塘积雪已融化，阴坡有 10%~15% 的残存积雪，山脊雪线消失，夜间气温 -15℃ 以下时段点烧。

（2）秋季枯霜期

雪后阳春期，即初冬第一场大雪（积雪 15 cm 以上）后的回暖期，阳坡、沟塘的积雪基本融化，阴坡积雪尚未融化之时点烧。根据大兴安岭地区的气象条件及多年点烧经验，点烧时间一般在 10：00~15：00 为宜。

4.6.2 计划烧除准备工作

各县(区)局森林防火指挥部要结合本地实际制订出《计划烧除实施方案》,确定计划烧除第一责任人(县区局主要领导),成立计划烧除领导机构,负责部署、安排、协调、组织和监督实施点烧工作。点烧时必须由第一责任人带队,专业队实施。

各县(区)局森林防火指挥部在计划烧除前必须有当地气象部门主要领导签字并确认具备点烧条件的气象预报,派专业人员进行实地踏查。根据调查制订出点烧计划,包括:规划图、点烧地段长度、面积、预防措施、注意事项、点烧起点和终点、点火时间、扑灭时间、人力和设备情况、安全措施、应急预案、现场负责人等。点烧方案要严格按审批程序,经县(区)局森林防火指挥部第一责任人审核签字后,上报地级森林防火指挥部并由地级森林防火指挥部报请省森林防火指挥部批准后,待省森林防火指挥部指导人员及地级森林防火指挥部派人到达现场指挥时方可实施。

点烧前要选择有代表性地段进行试烧。根据试烧情况计算出每支队伍(以100人为单位)实际可控点烧面积,实施时每支队伍每次点烧面积必须小于此面积。

为避免误报火情,点烧单位必须事先通知毗邻单位,同时地防指将点烧计划通报毗邻单位。

4.6.3 计划烧除点烧方法

在点烧各类地段中,可利用河流、道路、农田、地形等自然条件,选择有边界条件的地段,人工建立控制线,即在点烧地段周围开设出15~30m宽的隔离带,将开放状态的沟塘、林地分成面积大小不等的有阻隔条件的地段,分段进行点烧,可采用带状一线点火、二线点火或三线点火,又称一、二、三火成法。

4.6.4 计划烧除的人员组织

点烧队伍必须由专业森林消防队员组成,并由第一责任人和熟悉森林防火业务,具有点烧经验的副县区局长、副书记带队到现场指挥点烧,人数不得少于100人。分设6个小组:

(1)指挥组

①随时掌握点烧地段的全面情况,如可燃物类型、依托条件、风向风速的变化;

②掌握各组人员的活动和工作情况;

③保持与责任区防指和地防指的通信联络;

④保持与各组之间的联系,随时向各组下达指令;

⑤根据风向和风速的变化,适时调整点烧部位和点烧速度。

(2)点烧组

①根据指挥组命令实施点烧作业;

②遇有下列情况,应停止点烧并立即向指挥员报告。

扑打跟不上点烧;风向突然转变;风速突然加大;依托条件变小或没有;与指挥员失去联系。

(3)扑打组

①紧跟点烧组，相互配合，随时扑打烧出控制线之外的火头火线；

②可燃物载量多的危险地段要迅速扑灭。

(4)清理组

①彻底清理余火；

②遇有可燃物载量大的地段，站杆倒木和蚂蚁窝处要反复清理，达到火场验收标准时方可撤离。

(5)通信组

负责与各组的联系，保证指挥员的命令和信息上传下达。

(6)机动组

每支机动队伍不得少于50人，并由县(区)局领导带队，配备足够的车辆、扑火工具，在点烧现场待命，随时听从指挥员调动，发生危险情况迅速出击。

计划烧除现场验收由组织点烧的县(区)局森林防火指挥部负责，验收单由验收组负责人、县(区)局主管森林防火工作的领导以及第一责任人共同签字，验收单要存入计划烧除档案，以备查阅。计划烧除任务全部完成后，地防指再行全面验收(图4-4)。

(a)   (b)

图4-4 计划烧除

(a)人工纯林林下计划烧除 (b)林下计划烧除

4.7 林火监测

林火监测的主要目的是及时发现火情，实现"早发现、早扑救"的目标。林火监测通常分为地面巡护、瞭望台定点观测、空中飞机巡护和卫星监测。

4.7.1 地面巡护

一般由护林员、管护等专业人员执行。方式有步行、骑摩托车巡护等。其主要任务：进行森林防火宣传、清查和控制非法入山人员；依法检查和监督防火规章制度执行情况；及时发现报告火情并积极组织扑救等。

4.7.2　瞭望台观测

　　利用瞭望台登高望远来发现火情，确定火场位置，并及时报告。这是我国大部分林区采用的主要监测手段(图4-5)。通常根据烟的态势和颜色等大致可判断林火的种类和距离。如在北方，烟团升起不浮动为远距离火，其距离约在20 km以上；烟团升高，顶部浮动为中等距离，约15~20 km；烟团下部浮动为近距离；约10~15 km；烟团向上一股股浮动为最近距离，约5 km以内。同时根据烟雾的颜色可判断火势和种类。白色断续的烟为弱火；黑色加白色的烟为一般火势；黄色很浓的烟为强火；红色很浓的烟为猛火。另外，黑烟升起，风大为上山火；白烟升起为下山火；黄烟升起为草塘火；烟色黑或深暗多数为树冠火；烟色稍稍发绿可能是地下火。

(a)　　　　　　　　　　　(b)

图4-5　瞭望台监测林火

4.7.3　"森林眼"监测林火

　　有条件的林区，可以建立森林防火视频监控系统，进行实时监测(图4-6)。

图4-6　"森林眼"监测林火

（1）火源

地网监测＋人网监测对重点林区、火灾多发地区、进入林区的交通要道、林缘及林内的住宅、厂房、易燃易爆站库、重要设施、行人休息站、铁路、电力和电信线路、石油天然气管道等线路的地网监测。

（2）火险

天网气象火险预警＋地网传感火险预警＋火源管控监测的人员流动信息对火险预警等级的影响。

（3）火情

通过大半径和小半径林火智能监测终端实现对监控林区的全覆盖和不间断巡航扫描，通过烟火智能识别算法及早发现火情，及时报告火性，及时扑救。

（4）云端运维

可远程升级维护，故障自诊断，实时监测前端设备运行状态、供电系统监测等多级多域：（林场、市县、省、国家多级部署）实现业务多级、数据多级、视频多级传输"森林眼"。

（5）定位精度

力矩电机＋高精度轴承同轴传动无误差，配备的高精度20位位置编码器，关键结构件的加工精度保证实现定位精度0.0038°，系统可实现单点定位且15 km处定位误差＜100 m，实现了单点布控及大范围覆盖。

（6）烟火识别能力

诸多技术转化了军用动态识别算法，并将其改进优化应用于林火监控中，动态识别算法有3点好处：第一，识别速度更快，通过自适应运动速度补偿，可以保证，前端采集设备在巡航的时候同时完成图像识别，提高了图像处理时间；第二，识别精度高，火目标2×2像素、烟目标7×7像素，像素这个概念比较抽象，如在15 km处2×2像素对应的面积为4.22 m^2、7×7像素对应的面积为51.83 m^2，也就是说只要着火面积大于4.22 m^2就可以识别并报警；第三，识别准确度高，利用光谱特征与烟雾形状特征相结合、动态分析和静态过滤两级判别这两种方式，大幅度提高识别准确率，最终实现了误报率小于3次/万hm^2，漏报率小于0.1%关键业务指标要求。

（7）双光谱识别

完全自主知识产权的双光谱高清摄像机，可接收400～700 nm可见光图像，400～1000 nm可见光＋近红外混合图像进行识别，所有图像数据处理均基于RAW原始数据分析，分析层级丰富、烟雾对比度明显、极大提高烟火识别的准确率。

（8）环境适应性

火情监测智能终端防结露、延长球仓内关键部件的使用寿命，特种玻璃（憎水玻璃）自清洁功能，自带温控系统可在－40～70℃环境下工作。

（9）远程易维护

自动标定地磁北极、自动定位地理坐标，便于设备安装、调试与维护；支持设备控制程序、图像处理程序、烟火识别程序、远程程序升级与远程维护管理；整体设备组件式设计，维护便利。

4.7.4　飞机巡护

　　森林航空消防是森林防火现代化的重要组成部分，是森林防火的优先发展方向。飞机航空巡护是利用飞机沿一定的航线在林区上空巡逻，观察火情、定位火情并及时报告火情。以直升机、固定翼飞机和无人机为载体，加载激光红外光电吊舱，利用卫星通信等信息传输技术建立火场侦察系统，实现飞机与火场前指之间指挥调度、视频图像等信息的实时传输，确保火场情况实时上报，指挥决策科学有效。它是航空护林的主要工作内容之一，对及时发现火情，详尽侦察火场起着极为重要的作用。

4.7.5　卫星林火监测

　　应用气象卫星林火监测具有范围广、时间频率高、准确度高等优点，既可用于宏观的林火早期发现，也可用于对重大林火的发展蔓延情况进行连续的跟踪监测，制作林火报表和林火态势图，进行过火面积的概略统计，火灾损失的初步估算及地面植被的恢复情况监测、森林火险等级预报和森林资源的宏观监测等工作(图4-7)。

图 4-7　气象卫星林火监测

4.8　林火预测预报

　　近年来，随着气候变暖和极端天气增多，全球进入森林火灾高发期，森林火灾风险加剧，美国、加拿大、澳大利亚、西班牙、葡萄牙、俄罗斯、印度尼西亚等许多国家相继发生森林大火，造成严重损失和重大影响，森林火灾难控性增强、森林防火季节性界限趋于模糊，已引起国际组织及各国政府对森林火灾的重新认识。随着森林资源日益增长，林内可燃物载量持续增加，野外火源管理难度不断加大，我国也逐渐进入森林火灾易发期和高危期，森林防火能力亟需进一步提升，森林防火体制机制急需进一步完善。为预防森林火灾，有效保护森林资源和人民群众生命财产安全，作为林火管理系统的基础，林火预测预报系统应有效地回答林火管理亟需了解的在一定天气条件下森林着火概率有多大？森林起火后蔓延速度有多快？林火蔓延后控制这场林火的难度有多大？林火可能造成的损失有多少？需要进行林火预防和扑救的行动措施有什么等一系列问题，其应用不仅成了林火科学知识由理论研究到实际应用的主要手段，而且成了越来越多的有林国家的有力工具。"凡事预则立，不预则废"，这一点在森林防火工作中尤为突出。如果没有准确的预测预报，森林防火工作的水平就难以提高，森林防火的现代化就不能实现，森林生态系统的安全就会受到威胁，森林资源就会遭受损失，森林资源的可持续发展就难以实现。有了科学的、系统的林火预测预报，防火工作者就可以做到心中有数，即便林火发生，也能及时调兵遣将，将火灾控制在最小的范围内。

4.8.1　基本概念

（1）林火预测预报的定义

什么叫预测？预测就是对事物未来的发展所作出的估计与推测。根据汉语的解释，预指预先或者事先，测指测量或估计，它可以指推测、猜度、料想。而在英语中，预测是指预见、预知、预告、预言等意思。现代预测科学所使用的预测概念，比上述解释具有更丰富的内容，它的定义是人们利用已经掌握的知识和手段，预先推知和判断事物未来或未知状况的结果。同样的，可以给出林火预测预报的定义：通过调查测定某些自然和人为因素，使用科学的技术和方法，对林火发生的可能性、潜在火行为、控制林火的难易程度以及林火将造成的损失等作出预估和预告。

（2）森林火险等级和预警分类

森林火险是森林可燃物受气象条件、地形条件、植被条件、火源条件影响而发生火灾的危险程度指标。森林火险等级是将森林火险按森林可燃物的易燃程度和蔓延程度进行等级划分，表示森林火灾发生危险程度的等级，通常分为五级，其危险程度逐级升高。森林火险预警信号是依据森林火险等级及未来发展趋势所发布的预警等级，共划分为四个等级，依次为蓝色、黄色、橙色、红色。其中橙色、红色为森林高火险预警信号。森林火险等级与预警信号对应关系见表4-1。

表 4-1　森林火险等级与预警信号对应关系表

森林火险等级	危险程度	易燃程度	蔓延程度	预警信号颜色
一	低度危险	不易燃烧	不易蔓延	
二	中度危险	可以燃烧	可以蔓延	蓝色
三	较高危险	较易燃烧	较易蔓延	黄色
四	高度危险	容易燃烧	容易蔓延	橙色
五	极度危险	极易燃烧	极易蔓延	红色

注：一级森林火险仅发布等级预报，不发布预警信号。

4.8.2　林火预测预报的内涵

林火预测预报的定义是以定量分析为基本内容作出的解释。它由 5 个要素组成：预测预报的实施者(人)、预测预报依据(知识)、预测预报技术(方法和手段)、预测预报对象(事物未来或未知状况)、预测预报结果(预先推知和判断)。

(1)预测预报的实施者

人是预测活动的主体，预测是人作出的，没有人，也就不存在预测。但在某些情况下，人既是预测者，又是被预测的对象。例如，人口预测，进入林区的各类人员数量估计等。

(2)预测预报的依据

预测预报必须有依据，没有科学依据所作出的估计和判断就不能称之为预测，更不能去预报。预测预报的依据就是知识，知识是预测预报的基础。知识是前人经验的积累，如果对事物的过去和现状一无所知，就很难作出有根据的预测。同时，知识反映客观现实的程度(可靠性程度)，对预测预报的结果也有重大影响。预测预报的对象越复杂，所需要的知识就越多，对所掌握资料的可靠性程度要求也就越高。预测预报质量高低，是否可靠，与人们所掌握的知识密切相关。

(3)预测预报的技术

预测预报的技术(手段和方法)是影响预测预报质量的一个重要因素。假设、推理、估计、统计、计算、模拟等，都被不同程度地作为预测预报方法和手段来运用。掌握科学知识的多寡，手段和方法运用是否恰当，决定着预测预报是否科学的关键。

科学的知识和先进的技术方法与手段必须有机地结合在一起，才能获得准确的预测预报结果。仅仅掌握一定的知识，不配合科学的手段，就很难获得理想的预测预报结果。同样，拥有先进的技术手段和方法，没有相应的林火科学知识，也不能对林火作出科学的预测预报。

(4)预测预报的对象

预测预报的对象即林火的未来或者未知状况。对于已经发生的或者正在发生的林火，不存在预测预报的问题，只存在对林火了解的多寡之别。

林火预测预报所面对的对象是在未来什么样的森林小气候条件下，什么样的天气条件，什么样的林分，什么时间，什么地点有可能发生森林火灾，可能发生什么类型的森林火灾，发生的森林火灾可能具有什么样的特征，具有什么样的潜在火行为，人们如何做才能减少其发生的可能性及降低其危害性等。

通过了解林火的历史和现状，掌握第一手资料，为提高林火预测预报的准确性提供本底数据，为改进预测预报的方法提供参照。

(5)预测预报的结果

预测预报的结果也就是预先的推知、判断和报告。预测预报的效果或者成就是通过预测预报结果体现出来的，没有结果就谈不上预测，也就无所报告。预测预报工作的目的，就是要利用所获得的结果为森林防火部门的决策服务。

4.8.3　林火预测预报的特点

林火预测预报作为综合性的知识领域，有其自身的理论基础和相应的应用研究。一般来说，林火预测预报具有以下 3 个特点：

(1)综合性

综合性是林火预测预报的一个明显特征。林火预测预报不但将自然科学知识和社会科学知识，而且也把宏观预测和微观预测，定性方法和定量方法，主观因素和客观因素等各个方面有机地综合在一起，形成自己综合性的研究体系。

(2)系统性

林火预测预报的系统性主要表现在两个方面：一方面，林火预测预报把它的研究对象，即森林生态系统，作为一种系统来考察，而不是孤立地分析和研究林火的某一个方面；另一方面，林火预测预报系统地总结了林火发生发展的规律，找出了它们的共同特点，分析归纳了它们使用的研究方法和预测预报手段，形成了具有指导意义的理论和方法。

正是由于林火预测预报把研究对象看成了一个系统，本身又形成了有关预测预报活动的系统知识。因此，它是一门系统性很强的学科。

(3)预见性

科学的预见性是林火预测预报工作的一个主要特点。林火预测预报就是要预先推知和判断森林生态系统中，现在没有发生，但未来可能发生的林火，以及林火发生之后的发展趋势。

林火预测预报是研究林火和预防森林火灾的核心和基础，它的理论基础是否可靠，它的方法是否先进实用，直接影响着预测预报的准确性，直接影响森林火灾预防的成效。

4.8.4　林火预测预报分类

4.8.4.1　按林火预测预报的时效(有效期限)分类

按照林火预测预报的时效(有效期限)，可分为短期预测预报、中期预测预报和长期预测预报。

短期，是指未来 2 d 内林火的预测预报；中期，指未来 3~7 d 的林火预测预报；长期，则指 7 d 以后的林火预测预报。

由于林火预测预报不稳定的、难控的因素太多，预测预报的时效不宜太长，同天气预报的短、中、长期(短期指 2~3 d 以内、中期 3~10 d、长期 10~15 d 以上)相比较，林火预测预报的时效要短一些。

4.8.4.2　按林火预测预报的使用方法和手段分类

按照林火预测预报的使用方法和手段，具体方法很多，又可以分为 3 种：统计学方法、点火试验和林火模型。

(1)统计学方法

统计学方法是目前林火预测预报中应用最广泛的一种方法。它是利用历史林火数据，通过统计学方法找出林火发生发展规律。按照收集的林火历史资料，又可以细分为以下几种：

①利用单纯的林火历史资料进行预测预报　这种方法只需收集林火的历史案例中所记载的林火资料，例如，林火发生的地点、时间、次数、火灾原因、火源、火烧面积、火烧持续时间等。通过统计分析，如频数、平均数、滑动平均、方差分析、回归分析、时间序列等，对林火发生的可能性进行预估。林火管理中的许多基本图表如火源分布图、林火发生图、森林燃烧图等，以及某些用单纯林火历史资料拟合的经验方程（公式）等均属于此类。

②利用林火历史资料与气象要素之间的关系进行林火预测预报　通过林火历史档案中记载的林火资料，核实每起林火发生时的各气象要素，采取适当的统计方法进行分析，找出各因子对林火发生的影响，建立经验方程等，以达到预测预报的目的。此方法在火险天气预测预报中使用较多，预测预报的结果通常是火险天气等级。

③综合考虑林火历史资料、火环境及森林可燃物进行林火预测预报　就其考虑的因素而言，包括了林火发生的充分必要条件，不仅考虑了林火的历史数据，而且考虑了林火发生时的各种气象要素，林分的立地条件，以及森林可燃物的种类、分布、负荷量、含水率等。有些还可以同时考虑预测预报时效前期的天气条件、森林可燃物要素，以此与历史资料相互比较分析，找出历史现象和现实之间的相似性，从而预测预报未来的林火。

②和③适用的统计方法要比①适用的方法多很多，如多元线性回归、非线性回归、逐步回归、聚类分析、主成分分析、因素分析、数量化理论、多维时间序列、模糊数学、灰色系统分析、灾变理论、自适应预测法、增长曲线预测法、趋势分析、控制论、线性规划、运筹学、优选法等。

(2)点火试验

这种方法也称以火报火。在统计方法中，人们依赖的是林火档案资料，通常这类数据的可靠性较差，例如，其中的气象要素，往往是林火发生之后，由相距较近的气象台(站)观测的数据来填补，较少有林火发生时火场的真实测定记录，这两者之间的差异甚远。甚至有些林火本身的历史数据更值得怀疑，比如林火发生的确切时间，往往是燃烧了一段时间后才被发现，刚刚着火的时间通常是推算出来的。在林火的历史档案中，准确的林火行为的数据更是难以见到，所见到的大多是定性的文字描述。因此，统计方法分析所得出的结论往往都很粗放，有时候就统计方法本身得出的理论精度很高，而实际的预测预报精度则很低。而通过点火试验则能取得比较可靠的林火资料和贴近实际的数据，从而使林火预测预报的精度提高。相比较而言，点火试验是较高级、较实用的一种林火预测预报研究方法。

在进行火险预报和火行为预报时，必须经过大量的点火试验。利用点火试验进行林火预测预报，必须经过大量的实地点烧，点烧中不仅要在同一条件下进行重复试验，而且要在不同可燃物类型，不同火环境，不同火源下进行试验，实际测定各种数据(可燃物类型、气象要素、立地条件、火行为、不同火源的引燃概率等)，通过一定的措施和手段寻求林火发生及林火行为的变化规律，可以较贴近地真实地反映林火的客观规律。然而，人们如果要取得如此庞大的测定数据，不论从时间上，还是从人力、物力、财力上都是不现实的。因此，该方法目前仅在小范围及较单一条件下进行小规模的初步探索，尚未能广泛应用。

（3）林火模型

随着科学技术的飞速发展，人们可以利用各种先进的技术设备和设施，将野外的大量工作放到室内进行。通过建立林火燃烧室，在燃烧室内模拟不同森林生态系统下的林火燃烧过程，或者利用现代计算机技术进行计算机模拟，然后再到野外通过小规模的实地点烧试验，对燃烧室模拟或计算机模拟的结果进行修正，以达到掌握林火规律的目的。主要可通过以下几种模型来完成。

①物理（化学）模型 在燃烧室内，用燃烧性相近似的材料代替所研究森林生态系统中各种可燃物，按比例缩小，建立起一个微缩的"森林生态系统"或"森林类型"，通过模拟该"森林生态系统"或"森林类型"中各种小环境因子的变化，在燃烧室内进行点烧试验，以了解其物理、化学变化过程，应用物理、化学、热力学、流体力学和动力学等原理，结合数学、统计分析方法和计算机等手段，建立方程，进行林火预测预报。

②数学模型 以野外调查测定的数据，或者物理（化学）模型模拟试验取得的数据为基础，用数学、统计学的方法建立林火动态模型，或者设置各种参数，通过对各种参数进行数学求解，以达到概况、总结林火发生发展规律的目的，使林火发生、林火行为的各种特征数字化、模型化。

4.8.4.3 按照林火预测预报的内容分类

（1）火险天气预测预报

火险天气预测预报指为满足林火扑救和利用的需要而根据未来大气状况作出的预估和判断。即在什么样的天气形势下有利于林火的发生与发展，在诸多的气象要素中（如温度、湿度、风、降水等），哪些要素的组合有利于林火的发生与发展。例如，在高温低湿的天气条件下，易发生林火；而在高温高湿的天气条件下不易发生林火。

林区未来处于何种天气形势的控制下，会出现何种天气，将直接决定未来林区火险等级的高低，正是因为林火的发生发展与天气的关系十分密切，所以才产生了火险天气预报。天气形势的演变决定了某一地区未来的天气状况，同时也决定了未来各气象要素的变化。

通常有 2 种类型的火险天气预报：一种是气象台（站）在森林防火期发布的"地带性或区域性预报"，这是做好森林火灾预防和安全用火的重要组成部分；另一种是定点天气预报，主要满足处理一场具体的林火（如营林用火、扑救森林火灾等）在时间、地点、地形和天气方面的需要。

（2）林火发生预测预报

林火发生预测预报是综合考虑天气条件的变化，可燃物（分布格局、负荷量、干湿程度、易燃性等）以及火源条件下对森林着火可能性作出的一种预估和判断。

林火发生预测预报的理论基础，就是林火发生的充分必要条件，它不仅考虑了林火发生的必要条件——森林燃烧的三要素，而且考虑了林火发生的充分条件中的主体——天气条件。这样做并不仅仅是为了增加研究因子的数量，而是为了更准确地找出诸多影响因子中最关键的影响因子，提高林火预测预报的精度，增强林火预测预报的实用性、可操作性和有效性。

（3）林火行为预测预报

什么是林火行为？林火行为是指一场火从被点燃开始，经过发生发展，直至熄灭的整个过程中所表现出来的各种特征。例如，林火蔓延速度、火焰高度、火焰宽度、火焰长度、燃烧深度、燃烧的形式（有焰燃烧和无焰燃烧）、林火强度、能量释放速度和大小、林火的种类、林火烈度等，上述特征有些是可以量化的，这些可以量化的数量特征通常可以作为衡量林火行为的指标。其中，林火蔓延速度、能量释放速度和林火强度是应用最为广泛的3个定量指标。

林火行为预测预报是在充分考虑天气条件变化、可燃物的易燃性、火源条件及其他火环境的基础上，在发生林火后，对可能表现出来的潜在林火行为作出定量化的预估和预告。

林火行为预测预报的概念中，之所以强调"潜在林火行为"，是因为预测预报的对象，在某段时间内，有发生某种林火行为的可能性，但是尚未构成事实。把这种可能发生但尚未发生，一旦发生将表现出来的各种林火特征称为潜在林火行为。今后，只要不产生歧义，对林火行为和潜在林火行为不加以区别。

4.8.5 三指标单点森林火险预报

三指标林火预测预报是黑龙江省森林保护研究所的王正非研究员提出的，是在原有的双指标火险预报方法的基础上发展起来的。林火的三个指标是火险级、火行为级和火烈度级。

三指标林火预测预报法是以点火试验为基础的，以火报火的方法。考虑到林地的可燃物在无风情况下的初始蔓延速度 R_0 的大小，可以反映林地火险等级的高低，然后再加上可燃物配置格局订正、地形坡度订正、风速订正，可预报林火野外蔓延速度。根据调查和试验确定的查算表和林地燃烧、蔓延的有关公式，计算出火强度、火焰长度、推测林火种类，并预报火烈度。

4.8.5.1 火险等级指标

采用初始蔓延速度 R_0(m/min) 作为划分森林火险级等级的标准。R_0 是火源接触易燃物后，初始燃烧的蔓延速度，可采取实际点烧试验测定，也可以选择影响较大的气象因子建立回归方程计算求得，王正非经多次试验建立的经验公式为：

$$R_0 = 0.053T + 0.048W - 0.275 \tag{4-1}$$

式中，R_0 为初始蔓延速度，m/min；T 为预报日的最高气温，℃；W 为预报日的最大风力，级。

用初始蔓延速度指标划分的火险等级及预防措施见表4-2。

表4-2 火险等级及预防措施表

火险等级	能引起着火的火源	指标 R_0	引火机制	预防措施
一	暗火不引燃，明火引燃困难	0~0.3	难燃烧，不蔓延	没有危险，修整器材做好准备工作

（续）

火险等级	能引起着火的火源	指标 R_0	引火机制	预防措施
二	暗火不引燃，明火点燃	0.3～0.5	着起后来蔓延慢，三级风平地前进速度可达2 m/min	营林用火、农业用火、规定火烧可以进行，中午风大能跑火，但易控制
三	明火或700℃以上的高温火源引燃	0.5～0.8	明火很容易点燃，五级风前进速度可达4 m/min	午前11：00以前可以用火，15：00以后可以规定火烧，但风力超过3级要停止用火
四	明火或500℃以上火源在中午前后引燃	0.8～1.2	中午前后燃烧旺盛，三级风蔓延速度可达5 m/min	严禁野外用火，风大也能产生飞火，开始戒严，做好扑火准备工作
五	烟头、火柴余烬、火星等昼夜都能引燃	＞1.2	高温大风天气，杂草枯叶沾火就着，火速可达50 m/min	星星之火，即可燎原，特别警戒机车喷火星和吸烟引起的火灾

4.8.5.2　火行为指标

进行火行为预报需要计算3个定量指标：野外林火蔓延速度 R、火强度 I 和火焰长度 L 等。

（1）林火蔓延速度 R

$$R = R_0 K_s K_w K_f / \cos\beta \qquad (4\text{-}2)$$

式中，R 为野外林火蔓延速度，m/min；R_0 为初始蔓延速度，m/min；K_s 为可燃物配置格局系数；K_w 为风力更正系数（风速参数）；K_f 为地形坡度因子。

K_s、K_w、K_f 可在表4-3中查出。

表4-3　K_s、K_w、K_f值查算表

可燃物	平铺针叶		枯枝落叶		杂草和落叶		蔓草莎草		直立草丛		云南松、落叶松枝叶	
K_s	0.8		1.2		1.6		1.8		2.0		1.0	
风速(m/s)	0	1	2	3	4	5	6	7	8	9	10	11	12	13
风力(级)		1		2		3		4		5		6		
K_w	1.0	1.2	1.5	1.7	2.0	2.4	2.9	3.5	4.2	5.0	5.9	7.1	8.5	10.1
坡度(°)	0°		5°		10°		15°		20°	25°	30°	35°	40°	45°
K_f	1.0		1.2		1.6		2.1		2.9	4.1	6.2	10.1	17.5	34.2

（2）火强度 I

火行为的等级用火强度的大小来划分。

$$I = HWR \qquad (4\text{-}3)$$

式中，I 为火强度，kW/m²；H 为燃烧热，kJ/kg；W 为有效可燃物的质量，kg/m³；R 为蔓延速度，m/s。

（3）火焰长度和林火种类

根据一般火强度为 250 kW/m²，火焰长度可达 1 m 的试验结果，火焰长度 L 由下式求得：

$$L = 0.5a(I/250) \tag{4-4}$$

式中，a 为调控系数，对于一般地表火，可令 $a = 1$。

通过上面计算，确定了火险等级、火蔓延速度、火强度、火焰长度的定量预报之后，即可根据森林小区的植被类型、可燃物的数量等，判断林火的种类（表4-4）。

表4-4　火行为等级查定表

火行为等级	$I(kW/m^2)$	$L(cm)$	火行为	可控性
1	0~50	5~20	偶尔起火，火苗逐渐自熄	不能成灾
2	50~100	<50	着火后继续冒烟，蔓延慢	不易成灾，过夜自熄
3	100~250	可达100	轻微地表火，过火后有花脸，烧不彻底	容易控制，适于危险地段的局部烧除，火烧防火线，有烧不着的地方
4	250~450	>100	中等地表火，堆积可燃物易着	一般规定火烧或计划烧除，可在此范围进行
5	450~1500	100~200	较强地表火	人力和机械扑火以此为上限，大于此强度则有危险
6	1500~3000	>200	强烈地表火	扑火人员要从火侧边缘清理，不要迎火头扑打，火头前打隔离带或用迎面火
7	3000~10 000	>300	强烈地表火，树干火伴随单株树冠火	有多处火头，有飞火，白天不容易扑灭，最好夜间或拂晓出击
8	10 000	火焰冲天	树冠火、飞火、狂燃大火	人、机很难控制，人工降水或自然降水才能熄灭

4.8.5.3　火烈度指标

火烈度的意义与地震烈度相似，在同样的火强度下，林型、树种、树龄不同，森林破坏的程度也不同。为了定量描述火灾过后林分的破坏程度，火烈度指标可用每公顷可能烧死株数占总株数的百分比 P 表示。

一般来说，火强度越大，火烈度也越大。但对于不同的树种，在相同的火强度下，其烧伤程度很不一样，所以还引入树种的抗火系数 b。根据实验和有关量纲理论，火烈度的计算公式为：

$$P = bI/R^{0.5} \tag{4-5}$$

即单位面积上树木烧死的比例 $P(\%)$ 与火强度（I）成正比，与火蔓延速度（R）的平方根成反比。树种之间的差异由 b 值调控。

火烈度的另一种表示方法是以火烧后林木死亡株数变化来表示：

$$P(\%) = [(n_0 - n_1)/n_0] \times 100 \tag{4-6}$$

火烈度等级的划分见表4-5。

当发生温度骤变、降水和植物返青等情况时，对指标等级应作适当订正。

表 4-5　火烈度查定表(兴安落叶松，林龄 20 年以上)

火烈度等级	平均烧死株数百分比(%)	平均保留株数百分比(%)	平均损失株数百分比(%)	宏观损失	火性质	对策
1	0~5	95~100	5~0	无损失	轻微地表火	实施规定火烧或营林用火
2	6~20	80~94	6~20	1~2 年影响林木生长	一般地表火	在稳定天气,可进行规定火烧或营林用火
3	21~40	60~79	21~40	部分树种更替	地表火、树干火	实行戒严的界限
4	41~80	20~59	41~80	树种全部更替	树干火、部分树冠火	尽一切努力防止林火发生
5	81~100	0~19	81~100	近似毁灭性	狂燃大火	禁止野外一切用火

思考题

1. 林火预报有哪几种类型?
2. 林火预报有哪几种研究方法?
3. 林火预报因子是如何选择和确定的?
4. 地面巡护的主要任务和组织形式有哪些?
5. 瞭望台的主要目的与任务是什么? 如何进行瞭望台选址?
6. 简述绿色防火与黑色防火的含义与特点。
7. 防火林带树种选择的依据是什么?
8. 简述防火规划的原则与方法。

第5章

森林火灾扑救与指挥

5.1 灭火基本原则

扑救森林火灾的原则是我国森林防火工作者在多年的森林火灾扑救中积累的丰富经验，它对扑火组织、指挥及安全扑火等方面起着非常重要的作用。森林火灾扑救是一项十分艰巨、复杂、危险的任务，各级扑火指挥员在扑火过程中会遇到各种复杂、危险的紧急情况。为了各级扑火指挥员能在错综复杂的情况下安全扑火，并迅速扑灭森林火灾，必须坚持如下扑火原则。

5.1.1 速战速决

速战速决是整个灭火原则中的核心原则，能否实现速战速决的关键取决于各级指挥员能否在扑火过程中及时抓住有利的扑火战机。

（1）扑火的有利战机

①林火初发阶段　林火刚刚发生时，火强度低，火线短，扑火任务小且轻松。

②风力小、火势弱时　风速小、火强度小的时候一定要抓紧扑救，否则风速加大，火强度增强，就更难扑救了。

③火头前方有阻挡条件　特别是火强度较大的火线直接扑救困难，若前方有可以利用的阻挡条件，指挥员一定要利用好阻挡条件灭火，既轻松又安全，一旦火线突破阻挡条件，又得等下一个阻挡条件，因此错过很好的扑火机会。

④逆风火　火尾属逆风火，一般火强度比火头小，火焰和对流烟柱吹向火烧迹地，对扑火队员的影响较小，应及时扑灭，一旦风向发生改变，也可变成顺风火，扑救难度增加。

⑤下山火　一般主张白天扑火，白天的下山火又是逆风火，蔓延速度小，火焰和对流烟柱朝上坡方向倾斜，对处在下坡位置扑救下山火的队员的影响非常小，因此扑火队员的扑火效率相对较高。

⑥烧到林缘湿凹地带的火　一般林缘或有小路或可燃物减少，湿凹处湿度大可燃物含水率高，不易燃烧，因此，一旦火烧到林缘湿凹地带时，火蔓延速度减小、火强度也会降低，容易扑救。

⑦有利的灭火天气　有利的灭火天气指风速小、气温低、阴天或开始降雨等情况，一旦风速加大、气温升高、由阴变晴，火势就更难控制。

⑧清晨及夜间　一般清晨和夜间温度比白天低，且露水增加地表可燃物表面含水率，燃烧性降低、火强度变小、蔓延速度减慢，有利于扑火。

⑨燃烧在植被稀少或沙石裸露地带的火　植被稀少或沙石裸露地带的可燃物载量较小且不连续，火强度会降低、蔓延速度减慢，容易扑救。

⑩燃烧在阴坡零星积雪地带的火　一旦火烧到阴坡零星积雪地带，热辐射及对流会使积雪融化，增加可燃物表面的含水率，林火蔓延速度减小。

⑪可燃物载量少、火焰高度在 1.5 m 以下的火　可燃物载量少、火焰高度在 1.5 m 以下的火为低强度火，若低强度火变为中、高强度火就很难控制了。

(2)速战速决的必要条件

林火强度和蔓延速度随时间的变化而变化。不能抓住和充分利用扑火有利的战机，也不能取得很好的扑火效果。因此，只有各级扑火指挥员灵活地指挥扑火队伍，抓住所有扑火时机，才有可能在最短的时间内扑灭森林火灾，实现速战速决的目的。要达到速战速决，还需要以下几方面的保证：①先进的侦察手段；②畅通的通信网络；③精干的指挥系统；④灵活的交通工具；⑤可靠的扑火队伍；⑥有效的扑火装备；⑦有力的后勤保障。

5.1.2　机动灵活

没有一样的火场，即使发生在同一个地方的火场，因每一场森林火灾的可燃物、地形、气象、火行为都不一样，因此在扑火作战中，火线指挥员要根据火线的发展趋势(火行为、地形、可燃物和气象等)，灵活应用扑火机具及扑火方法，如间接灭火和直接灭火相结合、人工灭火与机械灭火相结合、风力灭火机与灭火水枪相结合、风力灭火机与一(或二)号工具相结合等不同的灭火方法与战术。

5.1.3　"四先、两保"

为了快速、有效、安全地扑救森林火灾，各级扑火指挥员都必须坚持"四先、两保"的原则。

5.1.3.1　"四先"

(1)先打火头

火头是整个火场中蔓延速度最快、火强度最大、火焰最高、危险性最大的火线，单位时间内烧毁的森林资源最多。因此，只有先把火头扑灭，才能有效地控制和扑灭整个火场。

(2)先打草塘火

因为草塘沟内的草本可燃物属细小可燃物，草塘沟是风的通道，林分之间的草塘沟是林火的"快速通道"，所以林火在草塘中蔓延速度十分迅速，比林内火的蔓延速度更快。草塘火燃烧过程，其火翼将向两侧上坡方向迅速蔓延形成上山火。草塘是林火发展中的危险地段，只有先将险段扑灭，才有可能控制整个火场，才有可能取得扑火的全胜。

(3)先打明火

在扑救地表火、树冠火时，须组织扑火力量先将明火彻底扑灭，控制火势发展，再清理余火，彻底扑灭暗火。

(4)先打外线火

因林内的风速比林外小，林内可燃物含水率比林外可燃物高，因而林外火的蔓延速度比林内火快，加之地形等其他因素的影响，有时林外的火已经蔓延到几千米以外，而林内的火还在缓慢燃烧，很容易形成内线火和外线火同时存在的现象。如果扑火过程误入内线灭火而不先控制外线火，就会使整个扑火计划遭到失败，一般先扑灭外线火后再决定是否扑打内线火。

5.1.3.2 "两保"

(1)保证会合

扑救森林火灾时，各区段沿火线扑火时都必须会合。各区段火线之间是否能够会合是直接影响整个灭火计划成败的关键。只有各部之间及时会合，才能保证对整个火场的全线合围，扑灭外线火，因此，在森林火灾扑救过程中一定要会合。

(2)保证不复燃

在森林火灾扑救过程，扑灭外线火非常重要，将明火扑灭后，清理火场，保证不发生死灰复燃也同样重要，否则，一旦死灰复燃，甚至造成更为严重的后果。为此，明火扑灭后，要认真清理余火，保证不复燃。

5.1.4 集中兵力

①扑救小火场时，一般应集中1/3或1/2的专业扑火队伍从火头的两翼接近火线进行灭火。

②集中优势兵力迅速扑灭初发阶段林火。

③在扑火的关键地段(如火线前方有重点保护对象时)、关键时刻(如火头刚越过隔离带或阻火线将要形成新的火场时)，应集中优势兵力扑灭火线。

④在火场面积大、火势凶猛、扑火力量不足时，应集中优势兵力控制火场的关键部位(如火头、重点保护对象)，暂时放弃火场的次要火线。次要火线要等待兵力增援或控制主要火线后，再进行兵力调整，从而使火场局部的兵力形成绝对优势。

⑤明火扑灭后，如发生复燃火，一定要集中优势兵力坚决扑灭。

5.1.5 化整为零

在火场面积大、火线长、林火蔓延速度慢、火强度低及清理火线时应采用化整为零的原则。

①在火场面积大、火线长时，应把扑火队分成若干小分队，每个小分队负责一段火线，任务明确，责任到位，对整个火场形成全线合围进行扑打。

②扑打火翼时，如果火势不强，也可化整为零。

③扑打火尾时，因其火势弱、蔓延速度慢，也可化整为零使用兵力进行扑打，防止风向发生变化使火尾变成火头或火翼。

④火场清理时，要化整为零使用扑火力量，按要求全面展开清理，确保火线不复燃。

5.1.6　抓关键、保重点

抓关键是指抓住和解决灭火中的主要矛盾，扑火时首先要控制和消灭关键火头。保重点是指以保护重点区域和重点保护对象。

（1）抓关键

火头是林火蔓延的关键部分。控制火头是灭火中的关键，只有迅速扑灭或有效控制火头，才能消灭林火。然而有的火场不止一个火头，那么就要抓住关键火头，扑救林火时，必须树立先控制和消灭关键火头的原则。

（2）保重点

为了减少林区人民生命和财产的损失，集中优势兵力保护火线附近的重点区域和重点保护对象，扑救林火时，必须根据火场实际情况相应地使用有效灭火方法，对重点目标、重点区域加以保护。

5.1.7　打烧结合

打烧结合是指在森林火灾扑救过程中能打则打、以打为主、以烧为辅的战术。

（1）捕捉战机、以打为主

直接灭火是主要的扑火手段。在实际扑火中必须体现以打为主的原则，根据火场的可燃物、气象、地形和火势等情况，分析是否能够采取直接灭火手段，若可以直接灭火，指挥员应调动灭火力量扑火。在无法直接扑打或可能造成人员伤亡时，应采取以火灭火或其他的间接灭火方法。

（2）采取"烧"的时机

扑救森林火灾时，"烧"也是经常使用的间接灭火方法之一。此方法是以牺牲一部分资源来保护全局，当无法采取直接灭火手段或有利于以火灭火时，就要考虑采取"烧"的办法。在以下情况下可采取"烧"的手段：

①火强度大、蔓延速度快、扑火队员无法靠近火线时。

②在扑救连续型树冠火，无法采取直接灭火手段时。

③在火场附近如有可利用的地形依托时，应采取间接扑火手段，利用依托点放迎面火，烧除一片火烧迹地阻止林火蔓延。

④当火势威胁重点区域或重点保护对象（如林间村屯、油库、仓库、贮木场、自然保护区、森林公园、珍贵树种林、母树林等）时。

⑤拦截火头时可在火头前方选择有利地形，采取以火灭火方法拦截火头。

⑥遇到双舌形（或并列火头）火线时，可在火的两个舌部顶端点火，把两个舌形火线连

接起来，扑灭外线火；遇到锯齿形火线时，应在锯齿形火线外侧点火，把火线取直，然后扑灭外线火；遇到大弯曲度火线时，要在两条最近的火线之间点火，把两条火线连接在一起，再扑灭外线火。

⑦在难清火线外侧选择较好清理地带点火扑灭外线火，使难清地段火线变成内线火。

5.1.8 协同作战

协同作战是取得整个火场灭火全胜、速胜的一条十分重要的扑火原则。坚持协同作战、积极主动是取得灭火胜利的一项重要保证。为更有效地保护森林资源，保证灭火的胜利，扑救林火时，必须树立全局观念，要坚决克服本位主义，积极主动地与友邻队伍协同扑火，以最快的速度进行扑火，为实现速战速决的目标。

5.2 扑火指挥员职责

擅长指挥的指挥员决不能穷兵黩武或纸上谈兵，更不能掉以轻心或麻痹大意，而要审时度势，抓住战机，以最小的扑火力量夺取最大的战果。在灭火组织指挥中指挥员要攻其易胜，不攻其难胜，死拼硬打只会带来人员伤亡。

5.2.1 扑火指挥员的职责

各级扑火指挥员主要职责是制订扑火方案，指挥、调动扑火队伍，使用有效的灭火机具，在保证人员、装备安全的前提下，实施扑火战术，实现速战速决，把森林火灾损失降到最低限度。具体有以下6个方面：①预测火情变化趋势；②制订合理灭火方案；③调用各类扑火队伍和装备；④协调灭火行动；⑤确保扑火队员和机具安全；⑥科学运用灭火原则。

5.2.2 扑火指挥员的权力

扑火时指挥员要发挥其职责，要有相应的权力做保证。指挥员有以下权力：
①确定扑火力量和灭火战术、技术。
②依据火场形势和扑火方案，调动扑火队伍。
③在紧急情况下，可以调动火场附近的扑火力量协同灭火。
④根据灭火需要，可以确定是否建立前线指挥部。
⑤在扑火过程中，有权代表本级扑火组织行使表彰和执行纪律的权力。

5.2.3 扑火指挥员的素质

指挥员是森林火灾扑救中的核心，所有的灭火计划都要由指挥员来制订和实施，因此，指挥员的素质是灭火胜败的关键。指挥员的才能是由指挥员本身的素质，对扑火机具及队伍的了解，对火行为的预测和对地形的掌握，以及对森林灭火战略战术的运用等5个方面构成的。因此，一名合格的指挥员应具备如下素质：

①在思想上，要对森林火灾扑救这项艰苦的任务具有高度的责任感。

②在知识上，要熟练掌握火行为、扑火机具、扑火技术等业务知识。

③在技术上，要有丰富的实战和指挥经验。

④在心理上，要有科学分析、运筹、判断、谋划的思维方法。

⑤在身体上，要有健康的体魄，适应森林火灾扑救的需要。

5.2.4　指挥员的能力

（1）观察能力

观察能力的高低直接反映指挥员对林火行为变化的敏锐程度。指挥员的观察能力，主要表现如下：

①观察必须全面；

②观察必须准确；

③观察必须迅速；

④观察必须和分析结合起来；

⑤观察必须善于联想。

影响观察能力的因素很多，主要切忌主观性和片面性，不要先入为主，不要以局部代替全局。

（2）判断能力

指挥员的判断能力是扑救森林火灾水平高低的度量计。正确的判断不仅能反映火场的真实情况，而且能由此制定正确的扑火决策，否则，错误的判断必然造成错误的决策，导致扑火行动的失败。指挥员良好的判断能力主要有以下表现：

①判断的可靠性；

②判断的时效性；

③判断的独立性；

④判断的灵活性；

⑤判断的坚定性；

⑥判断的准确性。

判断过程是扑火指挥员思维活动的过程，受到本人情绪、意志等各种心理因素的影响。情绪稳定、意志坚强是判断能力得以良好发挥的有利条件，而愤怒、狂喜、忧伤、惊恐等不良心理因素都会影响判断。

（3）决断能力

扑火指挥员必须具有处置各种突发情况的决断能力。火场态势瞬息万变，火情错综复杂，上级的命令，火情信息，扑火队伍的行动，时间就是优势，就是胜利，机不可失，时不再来，这就要求指挥员定下决心果断采取有效措施，否则，就会贻误战机，失去主动权。

（4）应变能力

应变能力是指挥员临场处置各种意外情况的能力。火场是动态的，随时都在发生变化。为此，要求指挥员在火场上做到随机应变。能应变则胜，不能应变则败。指挥员应变时应做到以下几点：

①应变贵在有备；

②应变贵在神速；

③应变贵在扬长避短；

④应变贵在控制之中。

（5）表达能力

"将令不明，罪在将帅"。将令必须简明扼要，即：通俗易懂，干净利落，印象深刻。指挥员的表达能力主要表现在以下3个方面：

①肢体表达；

②语言表达；

③书面表达。

（6）指挥能力

指挥能力是观察、判断、决断、应变、表达和交际等能力的综合体现。所谓指挥能力是指挥员对所属扑火队伍的行动进行组织领导的能力。组织指挥能力具体表现如下：

①制订正确的灭火行动方案，指令、目的明确，运筹帷幄，决策果断；

②建立精干有力的指挥机构，指挥部忙而不乱，井然有序；

③调用扑火队伍，充分发挥各扑火队的扑火效能；

④有效地使用人力、物力、财力，讲究灭火效益；

⑤把握和控制各参战队伍的行动。

5.3　扑火队伍

目前，我们国家扑火队伍主要分为：武警森林部队、专业扑火队、半专业扑火队、群众义务扑火队。

5.3.1　武警森林部队

武警森林部队是我国扑救森林火灾的国家队、专业队和突击队，是保护国家森林资源为主业的武装力量，与地方防火有关部门建立了"联防、联训、联指、联战、联保"等机制，主要部署在我国的黑龙江、吉林、内蒙古、四川、云南、新疆和西藏等省（自治区）。1999 年，国务院、中央军委决定组建武警森林指挥部，实行武警总部和国家林业主管部门双重领导体制，由武警总部对其军事、政治、后勤工作实施统一领导，国家林业主管部门负责其业务工作。

5.3.2　专业扑火队

专业扑火队是重点林区成立的长年专职从事森林火灾预防和扑救的队伍，是经过专门防火培训、具有专业扑火设备的队伍。防火期进行巡护、检查，消除火灾隐患，一旦发现火情或接到火情报告，及时扑救林火。

5.3.3 半专业扑火队

半专业扑火队是在防火期内成立的从事森林防火工作的队伍。平时从事日常工作，防火期集中起来，从事防火、扑火工作。

5.3.4 群众扑火队

群众扑火队是当发生森林火灾以后，根据火场需要临时动员或自发投入扑火工作中去的群众组织。

5.4 灭火基本战略与战术

5.4.1 地表火的扑救

地表火是指在地表可燃物中燃烧并自由蔓延的林火。在各类林火中，地表火的发生率最高，占90%以上。按地表火蔓延速度可分为两种类型。①急进地表火，主要发生在近期温度较高、天气干旱、风力四级以上的天气条件下，多发生在宽大的草塘、疏林地和丘陵山区，火场形状常为长条形和长椭圆形。其特点：火强度高，烟雾大，蔓延速度快，火场烟雾很快被风吹散，很难形成对流烟柱。急进地表火的蔓延速度为 4～8 km/h，火从林地瞬间而过，因此，在燃烧条件不充足的地方不发生燃烧，常常出现"花脸"，对林木的危害较轻，成林死亡率在24%以下。急进地表火很容易造成重大或特大及大面积森林火灾，扑救困难。②稳进地表火，发生稳进地表火的条件与发生急进地表火的条件相反，近期降水量正常或偏多，温度正常或偏低，风力小，这种林火多发生在四级风以下的天气。其特点：蔓延速度慢，火强度低，大火场火头常出现对流柱，火场形状多为环形。稳进地表火燃烧充分，火烈度大，对森林资源的破坏大，成林死亡率达40%左右，蔓延速度在 4 km/h以下。

5.4.1.1 顺风扑打低强度地表火

顺风扑打火焰高度在 1.5 m 以下的低强度地表火火线时，可组织 4 位灭火机手沿火线顺风灭火。灭火时，一号灭火机手向前行进的同时把火线边缘和火焰根部的细小可燃物吹向火烧迹地，灭火机手与火线的距离为 1.5 m 左右；二号灭火机手要位于一号灭火机手后 2 m 处，与火线的距离为 1 m 左右，吹走正在燃烧的细小可燃物，此时火强度会明显降低；三号灭火机手要对明显降低强度的火线进行彻底消灭，三号灭火机手与二号灭火机手的前后距离为 2 m，与火线的距离为 0.5 m 左右；四号灭火机手跟在后面扑打余火并对火线进行巩固性灭火，防止火线死灰复燃，4 位灭火机手可以轮换位置。

5.4.1.2 顶风扑打低强度地表火

顶风扑打火焰高度在 1.5 m 以下的低强度地表火时，一号灭火机手从突破火线处一侧沿火线向前灭火，灭火机的风筒与火线成45°，这时二号灭火机手要迅速到一号灭火机手前方 5～10 m 处与一号灭火机手同样的灭火方法向前灭火，三号灭火机手要迅速到二号灭火机手前方 5~10 m 处向前灭火。每一个灭火机手将自己与前方灭火机手之间的火线明火扑灭后，要迅速到最前方的灭火机手前方 5~10 m 处继续灭火，灭火机手之间要相互交替向前灭火。在灭火组和清理组之间，配置一位灭火机手扑打余火，并对火线进行巩固性灭火。

5.4.1.3 扑打中强度地表火

扑打火焰高度是 1.5~2 m 的中强度地表火时，一号灭火机手要用灭火机的最大风力沿火线灭火，二、三号灭火机手要迅速到一号灭火机手前方 5~10 m 处，二号灭火机手回头灭火，迅速与一号灭火机手会合，三号灭火机手向前灭火。当一、二号灭火机手会合后，要迅速到三号灭火机手前方 5~10 m 处灭火，一号灭火机手回头灭火与三号灭火机手迅速会合，这时二号灭火机手要向前灭火，依次交替灭火。四号灭火机手要跟在后面扑打余火，并沿火线进行巩固性灭火，必要时与其他灭火机手替换位置。

5.4.1.4 多台风力灭火机配合扑打中强度地表火

扑打火焰高度在 2~2.5 m 的中强度地表火时，可采取多台风力灭火机配合扑火，集中三台风力灭火机沿火线向前灭火的同时，3 个灭火机手要做到：同步、合力、同点。同步是指同样的灭火速度，合力是指同时使用多台灭火机来增加风力，同点是指几台灭火机同时吹在同一点上。后面留一个灭火机手扑打余火并沿火线进行巩固性灭火。在灭火机和兵力充足时，可组织几个灭火组进行交替扑火。

5.4.1.5 风力灭火机与灭火水枪配合扑打中强度地表火

扑打火焰高度在 2.5~3 m 的中强度火时，可组织 3~4 台灭火机和 2 支水枪配合扑火。首先，由水枪手顺火线向火的底部射水 2~3 次后，把火强度降低，迅速撤离火线，3 名灭火机手要抓住火强度降低的有利战机迅速接近火线灭火，当扑灭一段火线后，再次遇到中强度火线时，灭火机手要迅速撤离火线，水枪手再次射水，灭火机手再次灭火，依次交替进行灭火。四号灭火机手在后面扑打余火，并对火线进行巩固性灭火，必要时与其他灭火机手替换。

5.4.1.6 扑打下山地表火

扑打下山火时，为了加快灭火进度，在由山上向山下沿火线扑打的同时，还应派部分扑火队伍到山下接近下山火的火线灭火。当山上和山下的队伍对进灭火时，还可派兵力在火线的腰部突破火线，兵分两路灭火，分别与在山上和在山下灭火的队伍会合。也可根据火线的具体情况采取其他灭火战术。为了抓住下山火的有利扑火时机，迅速有效地控制和扑灭下山火，对火翼采取灭火措施的同时，应及时派人控制和消灭下山火的火头明火，防止火头明火进入草塘或燃烧到山脚后形成新的上山火，迅速扩大火场面积。

5.4.1.7 扑打上山地表火

扑打上山火时，为了保证灭火人员安全和迅速扑灭上山火，可沿火线向山上灭火的同时，派部分扑火队伍到火翼的上方一定的距离突破火线兵分两路灭火。向山下沿火线灭火的队伍与向山上灭火的队伍会合后，要同时到另一支向山上灭火队伍的前方适当的距离再次突破火线灭火。但这一距离要根据火焰高度而定，火焰的高度越高，这一距离就应越小。兵力及灭火装备充足时，可组织多个灭火组将火线分成若干段，由各灭火组沿火线分别在不同的位置突破火线，兵分两路迅速向山上、山下分别灭火，与在两侧灭火的队伍迅速会合。但绝不允许由山上向山下正面迎火头灭火，而要从上山火的侧翼接近火线灭火。当无法控制上山火的火头时，可在火翼追赶火头扑打，等到火头越过山头变成下山火时，采用扑打下山火的方法，把火头消灭在下山阶段。

5.4.2　树冠火的扑救

树冠火是指由地表火上升至树冠燃烧，并能沿树冠蔓延和扩展的林火。树冠火多发生在干旱、高温、大风天气条件下的针叶林或天然次生林内，其特点是：立体燃烧（树冠火、地表火同时存在）、火强度大、火焰高度高、蔓延速度快，对森林资源的破坏严重，成林死亡率达90%以上。

按蔓延速度可划分为稳进树冠火和急进树冠火两种。急进树冠火（又称狂燃火）的火焰在树冠上层跳跃式蔓延，其蔓延速度约 8~25 km/h，扑救十分困难；稳进树冠火（遍燃火）的蔓延速度为 5~8 km/h。

按燃烧特征又可划分为连续型树冠火和间歇型树冠火，连续型树冠火能够在树冠上连续蔓延，而间歇型树冠火在森林郁闭度小、林窗面积大或遇到耐火树种时降为地表火，当森林郁闭度大时又可上升为树冠火。

5.4.2.1　利用自然依托扑救树冠火

若树冠火的火头前方有自然依托（如道路、河流等），则可以在自然依托内侧伐倒树木后点放迎面火，烧除一带可燃物，加宽自然依托宽度。伐倒树木的宽度应根据自然依托的宽度、林分高度及林火蔓延速度而定，一般来说，林分高度越高、林火蔓延速度越快（风速），需要隔离带的宽度越宽。利用自然依托点放迎面火时应分为点火组、扑打组、清理组、监视组等 4 个组，各组的主要任务：① 点火组按照指挥员的意图和要求沿依托内侧点火；② 扑打组负责扑灭进入依托内的一切明火和炭火，保证依托内安全；③ 清理组负责点火组点火后的清理和扑打组扑灭后的清理工作；④ 监视组主要负责监视和扑灭一切飞火。

5.4.2.2　开设隔离带扑救树冠火

在没有可利用的自然依托时，可以在火场前方预定距离伐倒树木，开设隔离带阻火。采取此方法灭火时，伐倒树木的宽度要达到 50 m 以上。若条件允许，可用飞机或森林消防车向隔离带内喷洒化学灭火药剂或水，伐倒树木的方法主要通过油锯或索状炸药。开设隔离带时的方法及要求：① 把所要开设隔离带内的一切站立的树木全部伐倒；② 隔离带的宽度要达到 50 m 以上；③ 隔离带开设好以后在隔离带内侧边缘开设手工具阻火线作为点火的依托；④ 点火组要沿着手工具阻火线内侧边缘点放迎面火；⑤ 点火时机最好是选择夜间进行，防止跑火；⑥ 如果条件允许，可利用飞机向隔离带内喷洒化学灭火剂或利用森林消防车向隔离带内的可燃物洒水，保证隔离带的安全；⑦ 也可利用水泵在隔离带内架设一条"降雨带"；⑧ 条件允许时，可利用推土机开设隔离带。

5.4.2.3　用推土机扑救树冠火

在有条件的火场，可以用推土机开设隔离带灭火。开设隔离带的方法，可按推土机扑救地下火和用推土机阻隔灭火的方法组织和实施。

5.4.2.4　点地表火扑救树冠火

在其他灭火条件不具备时，适合开设手工具阻火线的地带（选择林分郁闭度小或可燃物载量较少)，开设一条手工具阻火线，再沿手工具阻火线内侧点放地表迎面火，烧除无可燃物区域变成阻火线或隔离带，拦截火头。

5.4.2.5　选择疏林地扑救树冠火

在树冠火蔓延前方选择疏林地或大草塘灭火，在这种条件下可采取以下几种方法灭火：

(1)树冠火转为地表火时灭火

当树冠火在夜间到达疏林地，树冠火下降到地表变为地表火时，按地表火的扑救方法进行灭火。如有水泵或森林消防车，也可在白天灭火。

(2)建立各种阻火线灭火

①建立推土机阻火线灭火；②建立手工具阻火线灭火；③利用索状炸药开设阻火线灭火；④利用森林消防车开设阻火线灭火；⑤利用水泵创造阻火线灭火；⑥利用飞机喷洒化学灭火药剂(或水)创造阻火线灭火。

5.4.2.6　注意事项

①因树冠火容易形成飞火，扑救树冠火时应防止发生飞火和火爆；

②抓住和利用一切可利用的时机和条件(特别是自然依托)灭火；

③时刻观察周围环境和火势；

④点放迎面火的时机，要选择在夜间进行；

⑤在实施各种间接灭火手段时，应建立应急避险区或明确撤离路线。

5.4.3　地下火的扑救

地下火是指在腐殖质和泥炭层自由蔓延的火，其蔓延速度缓慢，但扑救十分困难。除人工开设隔离沟扑救地下火，还可利用森林消防车、推土机、人工增雨和索状炸药等进行灭火。

5.4.3.1　利用森林消防车扑救地下火

目前，用于扑救地下火的森林消防车主要有 2 种：531、804 森林消防车及赛速 NA - 140 森林消防车。在地形平均坡度小于 35°，取水工作半径小于 5 km 的火场或火场的部分区域，可利用森林消防车对地下火进行灭火作业。在实施灭火作业时，森林消防车要沿火线外侧向腐殖层下垂直注水。操作时，水枪手应在森林消防车的侧后方，跟进徒步呈"Z"字形向腐殖层下注水灭火。此时，森林消防车的行驶速度应控制在 2 km/h 以下。

5.4.3.2　人工增雨扑救地下火

人工增雨，就是利用适合的天气条件，加以人为促进措施，使云层能够产生降水，达到灭火的目的。利用有云较适合的天气条件，用飞机在空中播撒药品或利用高炮、火箭发射降雨催化剂，促使云层出现冰晶，达到降雨的效果。人工增雨不但适用于扑救地下火，也可扑灭地表火和树冠火。

5.4.3.3　利用推土机扑救地下火

在交通及地形条件允许的火场，可使用推土机扑救地下火。在使用推土机实施阻隔灭火时，首先应有定位员在火线外侧选择开设阻火线路线。选择路线时，要避开密林和大树，并沿选择的路线做出明显的标记，以便推土机手沿标记的路线开设阻火线。开设阻火线时，推土机要大小搭配使用，小机在前，大机在后，前后配合开设阻火线，并把所有的可燃物全部清除到阻火线的外侧，以防在完成开设任务后，沿阻火线点放迎面火时增加火线边缘的火强度，延长燃烧时间，出现"飞火"越过阻火线造成跑火。利用推土机开设阻火线时，其宽度应不少于 3 m，深度要达到泥炭层以下。完成阻火线的开设任务后，指挥员要及时对阻火线进行检查，清除各种隐患。然后组织点火手沿阻火线内侧边缘点放迎面火，烧除阻火线与火场之间的可燃物，使阻火线与火场之间出现一个无可燃物的区域，从而实现灭火的目的。组织点火手进行点烧时，可根据火场的实际情况和开设阻火线的进程，进行分段点烧迎面火。

5.4.3.4　利用索状炸药扑救地下火

利用索状炸药扑救地下火是目前扑救地下火中速度最快，效果最好的方法之一。在使用索状炸药扑救地下火时，可按照爆破灭火中扑救地下火时的使用方法实施。

5.4.3.5　人工扑救地下火

人工扑救地下火时要调动足够的兵力对火场形成合围，在火线外侧围绕火场挖出一条 1.5 m 左右宽度的隔离带，深度要挖到土层，彻底清除可燃物，切不可把泥炭层当作黑土层，把挖出的可燃物全部放到隔离带的外侧。在兵力不足时，可暂时放弃火场的次要一线，集中优势兵力在火场的主要一线开设隔离带，完成主要一线的隔离带后，再把兵力调到次要的一线进行灭火。

以上各种灭火技术，可在火场单独使用，在地形条件较复杂的大火场可根据火场的实际情况，采取多种灭火技术配合灭火。

5.5　森林火灾扑救组织与指挥

5.5.1　组织指挥机构

组织森林火灾扑救必须要有组织指挥，才能取得灭火的胜利。经验证明，森林火灾扑救的胜利不仅取决于灭火机具、装备和技术，而且与科学正确的指挥有关。

5.5.1.1　指挥机构

一般森林部队在组织扑救森林火灾时，分别设有基本指挥所（基指）、前进指挥所（前指）、后勤指挥所和现场指挥组 4 个指挥层次。

（1）基本指挥所（基指）

基本指挥所通常由本级主要指挥员率机关部分人员组成，在联指的领导下，直接或通过前指对部队实施指挥，主要任务是接受、传达上级指示和命令，搜集、掌握和通报各种情况，全面掌握部队行动情况，指挥协调扑火队实施灭火，向上级请示报告等。

（2）前进指挥所（前指）

前进指挥所通常由本级副职指挥员率机关人员，在现场适当位置开设，必要时可开设数个前进指挥所，主要任务是接受和传达上级指示和命令，了解火场基本情况，协调各部间的行动，根据上级指示和当前火场实际，适时调整兵力，直接指挥部队完成灭火任务。

（3）后勤指挥所

后勤指挥所通常由后勤机关领导和有关工作人员组成，接受基本指挥所和前进指挥所的指挥，主要任务是对后勤分队实施指挥，组织后勤保障。

（4）现场指挥组

现场指挥组通常由一名指挥员率必要的人员组成，负责加强某方向部队的组织指挥，必要时可派出数个指挥组，主要任务是对灭火作战分队进行现场协调、组织和指挥，并指导灭火技术、战术的运用。

5.5.1.2　指挥所的特点

扑救森林火灾的组织指挥过程是一项复杂的系统工程，特别是在扑救重大或特大森林火灾时。指挥所的主要特点：

（1）复杂性

首先，扑救森林火灾队伍复杂，要不同种类的扑火队伍有条不紊地组织起来，具有一定的复杂性。其次，受可燃物、地形、气象等因素的影响，森林火灾现场瞬息万变，从而给扑火指挥工作带来极大的复杂性。

（2）紧张性

森林火灾的突然发生和扑救的速决性，决定了前进指挥所工作的紧张性，突发的森林火灾使灭火作战的指挥过程较短，经常是边扑救边组织，这就要求指挥所要迅速采取措施，因此高效快速的灭火指挥是指挥所的工作特点，也是提高扑救森林火灾效能的重要条件。

（3）果断性

机不可失，时不再来，扑救森林火灾是人与火的对抗，然而火情瞬息万变，扑火指挥就需要抓住机会并要及时果断地下定正确的决心，是实施正确指挥的前提，火场上灭火时机稍纵即逝，如果当断不断，犹豫不决就会错失良机。

5.5.2　扑火指挥程序

扑火指挥程序就是指扑救林火时的前后动作程序。实战中，扑火的整个过程大体分为9道程序，对于火场的某一部位来说是相互联系、一环扣一环的，而对整个火场的所有部位来说，并不是同步的，特别是在大火场中更是如此。所以，作为火场指挥员，必须掌握灭火程序，否则，指挥员的行动就无所遵循。特别是在扑救大面积森林火灾时，更应该牢记以下程序。

（1）制订扑火方案

一是扑火预案；二是扑火初期方案；三是扑火实施方案。这些方案都是组织实施扑火的依据，但任何方案都不是一成不变的，还要根据火场的变化加以修订。

（2）调用扑火力量

指挥员按照扑火方案把各扑火队伍部署到火场的各部位时，要切记扑火力量的多少一定要适当，既不能搞人海战术，也不能搞"滚雪球"和"加油式"。指挥员向下级布置任务要明确，指令要清楚，保护扑火队伍的战斗力，不能毫无意义地进行调整。调整兵力时应注意以下几个问题：①掌握火情要准确；②调整兵力要及时合理；③确保重点目标安全；

④不影响扑火全局。

（3）消灭明火

这一程序是扑救林火的整个过程中最紧张、最激烈、火势变化最多、思想高度集中、最危险的时期。一切行动都要围绕着火而动，直到把整个火场控制为止。

（4）控制火场

控制火场是指所有的扑火队伍在火线不同的位置扑灭明火相互会合为止。

（5）清理火线

清理火线主要是清理火线边缘的残火、暗火、枯立木、倒木、采伐木、伐根上的余火等。

（6）看守火场

看守火场是扑救林火的收尾工作，是完成灭火任务的最后保证。一场森林火灾被扑灭后，经过多次的清理、检查，对火场进行看守。看守火场的关键是"看"而不是"守"。"看"就是在看守火场过程中，看守人员携带清理工具，沿被扑灭的火线边缘不断地进行检查清理，发现火灾隐患及时处理。看守火场的时间应视火场具体情况而定，在干旱和气象条件不利的情况下，看守火场的时间要达到 72 h。

（7）验收火场

撤离火场前，扑火指挥员要对整个火场进行检查验收。验收火场时，火场最高指挥员要亲自或指派专人进行检查验收，其标准是要达到"三无"，即无火、无烟、无气，并要做好各项记录。验收记录要交给火场所在的县级森林防火指挥部存档。

（8）撤离火场

撤离火场时，扑火人员容易产生急于撤离火场的急躁情绪。因此，这时注意力分散，往往容易发生各种事故。这一时期，指挥员更要提高警惕，认真组织，做好撤离工作。

（9）再次准备

扑火队从火场撤回后，各级指挥员要迅速组织扑火人员，做好下次扑火的各项准备工作，在森林防火期尤为重要。

5.5.3　扑火阶段

5.5.3.1　火警报告阶段

基层林业局、林场或消防队（含森林消防队）一旦接到 119 火警电话或其他报警电话，森林扑火指挥部根据地形图、林相图或林区道路交通图，了解火灾发生地的林分类型、森林可燃物种类、可燃物载量及分布、火场周围的自然经济社会状况，根据扑火队员与火场之间的距离、到达火场的交通状况，明确消防车及消防队员从指挥部到达起火地点的最快最短路线及所需时间。

5.5.3.2　扑火准备阶段

从接到火情报告开始，直至扑火队伍到达火场附近，开始进行扑火之前这一阶段为扑火准备阶段。这一阶段主要任务是制定扑火方案和调动扑火队伍。

扑火方案有 2 种。一是每年在防火期之前制订的扑火预案；二是火情发生后，防火指挥部根据当时的地形、可燃物、气象、火情等条件，参考扑火预案，临时制订的扑火实施方案。扑火指挥员根据扑火实施方案集结、调动扑火力量(扑火队伍、扑火机具、通信设备、运输工具等)和赶赴火场。扑火准备阶段需要做如下工作:

(1)确定火场位置

要了解以下情况:火场面积大小、火场主要发展方向、火头的数量和位置、交通情况、距离(包括:基地到火场的距离、火场与各部的距离)、火场周围的环境如自然环境(可燃物、地形、气象)和社会环境(居民区、林场、仓库、油库、贮木场、林内的各种作业点等)。

(2)判断火场形势

根据火场可燃物、地形、气象等因素判断火场的发展趋势。

(3)制订灭火计划

主要考虑以下几个主要方面:速战速决、扑火队员的实力(扑火队员数量、是否专业扑火队、扑火队伍的装备及战斗力)。

(4)合理用兵

布兵时要遵循以下4条布兵原则:就近用兵,快速到达;集中使用,确保重点;梯次配置,留有机动;便于指挥,利于协同。

(5)确保安全

扑火队员的安全、灭火机具及装备的安全、宿营地的安全、火场周围人民生命财产的安全。

5.5.3.3 靠近火场阶段

靠近火场实施灭火是整个扑火过程中最危险的阶段,此阶段最容易发生人员伤亡事故,因为靠近火场时对火场情况不太了解,一旦靠近火场时遇到紧急情况,扑火指挥员及扑火队员一般可采取以下3种措施:点火自救、利用有利地形自救和迎火突围。

5.5.3.4 扑救明火阶段

从扑火开始,直到把整个火场火线全部扑灭,火线不再向外扩展蔓延为止。扑火队伍到达火场后,根据火场面积和火势大小,在条件允许的情况下,集中力量控制火头,把火控制在一定范围内。如果火场面积已经很大,或者火势很大,应该扑打火翼,逐渐逼近火头,降低火势,直至将火线全部扑灭或到火场前方采用间接灭火手段,把火头拦截住。

①扑火队员在火线上选择火焰比较低、火墙厚度比较薄的地方,打开一个缺口、一点两线、分兵合围;

②前打后清 一部分扑火队员扑打明火,一部分跟随清理余火;

③会合立标、明确责任 当火线上2个扑火小分队会合后,要在会合点确定会合时间、地点、带队人姓名等;

④办理会合签字手续后,各扑火队伍要沿着自己扑灭的火线回头清理,这时要根据火线的安全程度采取不同的清理方法。

5.5.3.5 清理余火阶段

火场明火扑灭后要及时彻底地消灭火线上的余火,对靠近火场边缘还在燃烧或冒烟的站杆、倒木,要砍倒锯断,用水浇灭或搬到安全地方。对可燃物积累深厚、复燃性大的地方,最好用水浇、土埋或变为内线火。灭火作战时主要有以下7种清理火场方法:

（1）边打边清

即每个扑火小分队分成扑打组、清理组、看守组、通信组等，扑打组扑完明火或主要火线后，清理组马上跟进，进行火线清理。

（2）扑灭火线回头清

当火场面积小或火线较短时，扑火队伍把主火线扑灭后回头沿火线清理，一般有以下3 种情况：①火线好清时，采取一次性回头清理；②火线清理困难时，采取二次性回头清理；③火线距离长、清理又困难时，采取多次性回头清理，确保不会发生死灰复燃。

（3）认真检查重点清

对重点地段认真清理。

（4）分段负责反复清

一个小分队扑灭火线后，为了增加责任感，把扑灭火线分为若干段，各段分工到每个队员，提高清理效率与效果。

（5）难清地段用水清

部分地段扑火队员不容易靠近火线，对扑火队员构成威胁，若火场附近有水源，最好用灭火水枪清理余火。

（6）看守火场彻底清

主火场扑灭后，看守组在火线巡逻过程中，一旦发现火情及时清理。

（7）领导检查最后清

扑火指挥员验收检查时，对危险地段进行清理。

5.5.3.6 看守火场阶段

看守火场是扑救森林火灾中的一项重要工作。一场森林火灾扑灭后，如不及时清理火场和看守火场，残留的余火遇到大风就会死灰复燃，形成新的森林火灾。因此，在森林火灾扑灭之后，要留下部分人员看守火场，发现余火立即清理，并定时在火场周围巡逻，确保不会发生死灰复燃后方可撤离火场。

5.5.3.7 验收火场阶段

当森林火灾被扑灭后、扑火队伍撤离之前需要进行火场验收，防止死灰复燃。

5.5.3.8 撤离火场阶段

从验收火场开始，直到全部扑火人员从火场返回驻地为止。森林火灾扑灭后，在扑火队伍撤离之前，扑火指挥员要再次赶赴火场，检查火场是否已经达到"三无"，即无火、无烟、无气。当指挥员验收合格并下达撤离命令后，扑火队伍才能全部撤离火场。撤离火场的主要工作有：

①通知扑火队员及撤离时间，从这一刻起，任何人员不得单独行动；

②清点扑火小分队人数，召回不在位扑火队员；

③指定专人处理生活用火、取暖用火，以防主火场扑灭，生活用火跑火成灾；

④扑火队员拆除住宿帐篷，整理扑火队员个人装备；

⑤清点灭火装备及物品；

⑥安排撤离顺序：撤离火场的顺序原则上谁先到达火场谁先离开火场（通信员与指挥员除外），如果增补或支援队员先离开火场，影响最先到达火场扑火队员今后的扑火积

极性。

5.5.3.9 再次准备阶段

扑火再次准备是为了不打无准备之仗，扑救森林火灾返回驻地后，马上安排再次准备，如果不及时准备，一旦连续发生森林火灾，就会准备不充分，如扑火机具没有得到及时修理、扑火物资缺乏等，为了下次森林火灾扑救效果，每次森林火灾扑救后，应做好如下准备工作：

①及时维修、保养灭火机具；

②及时检查、修补个人装备；

③及时补充给养、装备、燃料。

思考题

1. 简述扑火队员的人身安全原则。
2. 扑火指挥员的安全职责有哪些？
3. 简述扑救森林火灾过程中出现伤亡的主要原因。
4. 如何进行火场自救？

第**6**章

森林火灾扑救方法

6.1 扑打法

扑打法是指直接利用一号工具、二号工具、风力灭火机等机具在火线实施灭火，也是林区常用的扑火方法，适用于弱火、低强度和中强度地表火的扑打。

6.2 水灭火法

首先，水是最有效的森林火灾灭火剂，火场附近的江河、湖泊、小溪等都是灭火水源；其次，为了解决水源问题，很多地方建立临时或永久性贮水池，贮备灭火水源。如果森林火灾现场附近有水源，用水直接灭火（水枪或消防水泵等），不仅可缩短灭火时间，而且灭火效果好、不易发生死灰复燃。

6.2.1 水灭火原理

其一，水可以起冷却作用，水受热后蒸发可以从正在燃烧的可燃物中吸收大量的热能，使燃烧处冷却，达到灭火效果；其二，水受热后蒸发，1 L水能变为1 500~1 720 L的水蒸气，可以阻止空气进入燃烧区，减少火线上空氧气的含量，使燃烧的森林可燃物因缺氧而降低燃烧强度，甚至终止燃烧；其三，通过灭火水枪、水泵喷出的水柱具有一定的冲击作用，能冲毁地表正在燃烧的可燃物，并使它与表层泥土混合，起灭火作用。

6.2.2　灭火方式与方法

用背负式水枪、轻型水泵、各种森林消防车(配置高压水枪)和飞机(直接洒水或吊桶作业)灭火。其次是利用人工降雨进行灭火。

6.3　土灭火法

土灭火法的灭火原理是隔离法,即开设隔离带使可燃物不连续或以土覆盖可燃物。此法适用于地表枯枝落叶层较厚、森林杂乱物较多的林地地表火,不适合扑打树冠火,扑打法不易扑灭林火,可采用锄头、铁锹等工具取土覆盖火线,就地取材,灭火效果较好,在清理余火时用土埋法熄灭余火,防止死灰复燃十分有效。

6.4　化学灭火法

化学灭火是使用化学药剂来扑灭林火或阻滞林火蔓延的一种方法。将化学灭火剂或阻火剂喷入燃烧区参与燃烧反应,中止链反应而使燃烧反应终止,如将干粉和卤代烷灭火剂喷入燃烧区,使燃烧终止。它比用水灭火的效果高 5~10 倍,特别是在人烟稀少、交通不便的偏远林区,利用飞机喷洒化学药剂进行灭火或阻火效果更明显。其灭火理论:

(1)覆盖理论

有些化学物质能够在可燃物上形成一种不透热的覆盖层,使可燃物与空气隔绝。还有一些化学药剂,受热后覆盖在可燃物上,能控制可燃性气体和挥发性物质的释放,抑制燃烧。

(2)热吸收理论

有些化学物质,如无机盐类等在受热分解时,能够吸收大量的热量,使热量下降到可燃物燃点以下,使其停止燃烧。

(3)稀释气体理论

有些化学药剂受热后释放出难燃性气体或不燃气体,能稀释可燃物热解时放出的可燃性气体,降低其浓度,从而使燃烧减缓或停止。

(4)化学阻燃理论

有些化学药剂受热后能直接改变可燃物的热解反应。能使可燃物纤维完全脱水,使可燃性气体和焦油等全部挥发,最后变成碳,使燃烧作用降低。

(5)卤化物灭火机理

这类化合物对燃烧反应有抑制作用,能中断燃烧过程中的连锁反应。

6.5　风力灭火法

风力灭火是利用风力灭火机产生的强气流把燃烧释放出来的热量和可燃气体带走，使温度降低到燃点以下，降低可燃气体浓度，使火熄灭的方法。当然，在实际扑火过程中，可以一台风力灭火机单独作业，也可二机、三机配合使用，更可与灭火水枪配合使用。

6.6　火攻灭火法

以火灭火是在火线前方一定的位置，通过用人工点烧方法烧出一条火线，在人为控制下使这条火线向主火场方向烧去，留下一条火烧迹地变为防火隔离带，从而达到控制火场、扑灭林火的一种方法。在众多灭火手段中，以火灭火是行之有效的灭火手段之一，它不仅可以用于阻截急进树冠火或急进地表火，使燃烧区前方的可燃物烧掉，加宽防火隔离带，也可以改变林火的蔓延方向，减缓林火的蔓延速度。

6.6.1　以火灭火的特点

①灭火速度快；
②灭火效果好；
③省时、省力、安全。

6.6.2　以火灭火的适用范围

①用直接灭火法难以扑救的高强度地表火或树冠火；
②林密、可燃物载量大，灭火人员无法实施直接灭火的地段；
③有可利用的自然依托，如铁路、公路、河流等；
④在没有可利用的自然依托时，可开设人工阻火线作为依托；
⑤在可燃物载量少的地段采取直接点火，扑灭外线火。

6.6.3　以火灭火的具体运用

在灭火实战中，要根据可燃物、气象和地形条件采取不同的点火方法。

（1）带状点烧方法

带状点烧方法是指以控制线作为依托，在控制线的内侧沿与控制线平行的方向，连续点烧的一种方法。它是最常用的一种以火灭火的点烧方法，具有安全、点烧速度快、灭火效果好等特点，主要在控制线（如河流、湖泊、公路、铁路等）条件好的情况下使用。具体实施时，可三人一组交替进行点烧。点烧时，第一名点火手在控制线内侧适当的位置沿控制线向前点烧，第二名点火手要迅速到第一名点火手前方 5~10 m 处向前点烧，第三名点火手迅速到第二名点火手前方 5~10 m 处向前点烧。当第一名点火手点烧到第二名点火手点烧的起始点后，要迅速再到第三名点火手前方5~10 m处沿控制线继续点烧，直至完成预定的点烧任务。

（2）梯状点烧方法

梯状点烧方法是指以控制线作为依托，在控制线内侧由外向里在不同位置上分别进行点烧，使点烧形状呈阶梯状的一种点烧技术。梯状点烧方法主要在控制线不够宽、风向风速对点烧不利，但又需在短时间内烧出较宽隔离带或保护重点保护对象时的地段采用。

点烧时，第一名点火手要在控制线内侧距控制线一定距离处，沿控制线方向先行平行点烧。当第一名点火手点烧出10~15 m的火线后，第二名点火手在控制线与点烧出的火线之间靠近火线的一侧继续进行平行点烧，其他点火手以此进行点烧。

具体点烧时，要结合火场实际情况，根据预点烧隔离带的宽度来确定点火手的数量。另外，在点烧过程中，要随时调整各点火手间的前后距离，勿使前后距离过大。

（3）垂直点烧方法

垂直点烧方法是指在控制线内侧一定距离处，由几名点火手同时或交替向控制线方向进行纵向点烧的一种技术。它主要适用于可燃物载量较小，控制线条件好的情况。

具体点烧时，各点火手应间隔5~10 m位于控制线内侧10~15 m处，交替向控制线方向进行纵向点烧。点烧距离较长或需要在短时间内完成点烧任务时，可采取：

①对进点烧，即从控制线的两端沿控制线进行相向点烧。

②分进点烧，即在控制线的一点向两侧相背点烧。

③多点分进点烧，即在控制线的各点向两侧进行点烧。

6.6.4　应注意的几个问题

以火灭火虽然是一种好的灭火方法，但它的技术要求高且带有一定的危险性，因此，在采用时须注意以下事项：

①采用以火灭火方法时，各灭火组应协同灭火。除组织点火组外，还应组织扑打组、清理组及看护组。

②在利用公路、铁路等控制线作为依托时，要在点烧前对桥梁和涵洞下的可燃物采取必要的防护措施，防止点火后火从桥梁、涵洞跑出。

③当可燃物条件不利时，例如，幼林、针叶异龄林、森林可燃物密集且载量大时，一定要集中足够的扑火力量，尽可能把点烧火的强度控制在可以控制的范围内。

④依托在坡上时，一定要从上向下分多层次点烧，以防点烧时火越过依托造成冲火跑火。

6.7　开设防火隔离带或阻火线

林火行为因地形和天气状况（风向、风速等）而发生变化，遇到猛烈的上山火难以采用直接扑打法实施灭火，可选择有利地形，根据林火蔓延速度，在火头前方一定距离或火翼两侧，使用铁锹、锄头、砍刀或油锯等工具开辟防火线，清除枯枝落叶和杂草，并将可燃物移到安全地带，若条件允许，开辟临时防火隔离带时，还可开设防火隔离沟或生土带，提高阻火效果，达到扑火目的。防火隔离带不应开设在上山火的火头，因为上山火蔓延速度快，一般选择在下山火的前方开设。那么，森林防火隔离带设置规范有哪些要求呢？

(1)首先要找到林区的主风向，在与主风向垂直的最前端设置第一条森林防火隔离带。在这里设置防火隔离带，保护的森林面积是最大的，起到了从火源处防止火势蔓延的作用。

(2)在山脊顶处和山谷底处设置森林防火隔离带，是减少风力作用最有效的方法。因为这里是火势蔓延最慢的地区，容易受到控制的地区，还有一点是这里的植被稀疏。

(3)设置森林防火隔离带的宽度最佳在 5 km 之内，太远则效果会很差。一般来讲是根据林地的实际情况和当地的地形来确定的。

(4)森林防火隔离带的宽度设置范围通常是 40~60 m。草坡通常是 10 m，而乔、灌木林地通常是 60 m。

森林防火隔离带即为了防止火灾扩大蔓延和方便灭火救援，在森林之间、森林与村庄、学校、工厂等之间设置的空旷地带。森林防火隔离带的设置是一种重要的森林防火途径。开辟森林防火隔离带的目的是把森林分割成小块状，阻止森林火灾蔓延。林业发达的国家很重视开辟防火隔离带。对此，我国十分重视，开辟防火隔离带是国内防止林火蔓延的有效措施之一。在大面积天然林、次生林、人工与灌木、荒山毗连地段，预先作出规划，有计划地开辟防火隔离带，以防火隔离带为控制线，一旦发生山火延烧至防火隔离带，即可阻止山火的蔓延。森林防火隔离带主要有以下 2 种：

①林内防火隔离带　就是在林内开设防火隔离带，设置时可与营林、采伐道路结合起来考虑。其宽度为 20~40 m 左右。

②林缘防火隔离带　在森林与灌木或荒山接连地段，开辟防火隔离带，也可结合道路、河流等自然地形开辟，其宽度一般为 30~40 m 左右。

6.8　爆破灭火法

爆破灭火是一种十分有效的灭火方法之一。爆破灭火中最常用的方法是使用索状炸药实施灭火，它不受林火种类的限制；其次为灭火弹，但其不能扑打树冠火。

6.8.1　索状炸药的技术性能

索状炸药的爆破速度为 6000 m/s，单根长度为 100 m，可多根连接使用，单根爆破宽度为 1.92~2.2 m。除以上特性外，索状炸药还具有抗枪击、抗摩擦、抗碾压、抗撞击、抗高空坠落和抗火烧等特点，因此，是一种比较理想的灭火装备。

6.8.2　使用索状炸药的灭火方法

(1)扑救地表火时的使用方法

① 在扑救地表火过程中，如遇到高强度火头，扑火人员无法接近实施灭火时，可在

火头前方合适的位置敷设索状炸药，实施引爆，炸出 1.92~2.2 m 宽的阻火线后，沿阻火线的内侧边缘点放迎面火，造成阻火线和火头之间出现一个无可燃物区域来达到扑灭火头的目的；

② 在扑救地表火时，如遇重大弯曲度火线时，可在弯曲的火线之间铺设索状炸药炸出阻火线，并烧除阻火线内的可燃物取直火线；

③ 在拦截火头时，可在火头前方一定的距离外，先选择有利的地形，横向铺设索状炸药实施爆破，开设阻火线并在阻火线内侧点放迎面火拦截火头。

（2）扑救树冠火时的使用方法

① 在所需开设隔离带的位置利用索状炸药，炸倒隔离带内的所有树木，具体方法是，在树的根部缠绕 3~5 圈索状炸药引爆就会炸倒几十厘米粗的树木；

② 在森林郁闭度小的地带，利用索状炸药开设隔离带实施灭火。

（3）扑救地下火时的使用方法

在使用索状炸药扑救地下火时，可在燃烧的火线外侧合适的位置直接铺设索状炸药进行引爆，开设阻火线。然后，对阻火线进行简单的清理后，沿阻火线内侧边缘点火烧除阻火线内侧的可燃物，从而达到灭火的目的。在用索状炸药开设阻火线的过程中，如遇到腐殖质层的厚度超过 40 cm 时，应先在腐殖质层开一条小沟，将索状炸药放入沟内引爆，以提高效果。根据腐殖质层的厚度，可进行重复爆破来加宽和加深阻火线的宽度和深度。

（4）清理火场时的使用方法

在清理火场时，可利用索状炸药炸倒火线边缘正在燃烧的树木及枯立木，可炸断横在火线上倒木，也可在火线边缘实施爆破清理火线。

6.9 直升机灭火

飞机灭火指利用固定翼飞机和直升机进行的各种灭火手段。从 20 世纪 50 年代开展航空护林以来，航空护林防火、灭火得到了迅速地发展。我国建立了北方航空护林总站和南方航空护林总站，目前可以采用机降灭火、伞降、索降、吊桶、航空化学等方式进行灭火。

图6-1 机降灭火

6.9.1 机降灭火

机降灭火是指利用直升机能够野外起飞与降落的特点，将灭火人员、扑火机具和装备及时送往火场，组织指挥灭火并在灭火过程中，不间断地进行兵力调整并调动兵力组织灭火的方法（图6-1）。

6.9.1.1 机降灭火特点

（1）到达火场快，利于抓住战机

扑救森林火灾要求"兵贵神速"，快速到达火场，抓住一切有利战机实施灭火，因为森林资源的损失和火场的过火面积与林火的燃烧时间的长短呈正相关，燃烧时间越长，森林资源的损失及火场的过火面积就越大。通常情况下，火场面积越大，火线长度就越长，扑救的难度也就越大。因此，林火发生后，要求扑火队伍尽快地接近火场实施灭火，以便控制火场面积的扩大，减少森林资源的损失。同时为速战速决创造有利条件，机降灭火是目前我国在森林灭火中向火场运兵速度最快的方法之一。

(2) 空中观察火情，利于兵力部署

指挥员可以在火场上空对火场进行详细观察，掌握火场全面情况，分清轻重缓急，利用直升机能够垂直起飞、降落的特点把灭火人员直接投放到火场最佳的灭火位置，实施兵力部署。因此，利用直升机进行兵力部署实施灭火，是目前在森林(特别是原始林区)灭火中最理想的布兵方法之一。

(3) 机动性强，利于兵力调整

在组织指挥森林灭火时，指挥员根据火场各种情况的变化，要适时对火场的兵力部署进行调整。这样，有利于机动灵活地采取各种灭火战术和对特殊地段采取必要的手段。因此，利用直升机进行兵力调整是最有效的方法之一。

(4) 减少体力消耗，利于保持战斗力

在扑救林火中实施机降灭火时，可以将扑火队伍迅速、准确地运送到火场所需要的灭火位置，接近火场实施灭火。因此，实施机降灭火是减少扑火人员体力消耗和保持战斗力的最佳方法之一。

6.9.1.2 机降灭火存在的不足

①受气温、风速、云层等影响较大；②受火场能见度的影响较大；③受海拔高度的影响较大；④受时间的影响较大；⑤受地形的影响较大。

6.9.1.3 主要应用范围

①交通不便、消防车无法到达的林区火场；②人烟稀少的偏远林区火场；③初发阶段的林火及小面积火场；④因某种原因扑火队员无法迅速到达的火场。

6.9.1.4 灭火方法

(1) 侦察火情

扑火指挥员在实施机降灭火前，要对火场进行侦察，准确掌握火场的全面情况。主要侦察内容包括：火场面积、火场形状、林火种类、林火强度、火头的数量及位置、可燃物(载量、分布及类型)、火场风向和风速、地形、蔓延方向、发展趋势、直升机降落场的位置及数量、火场周围的其他自然与社会环境。

(2) 向火场布兵

在向火场布兵时，要根据火场的各种因素制定布兵的次序。通常情况下，各降落点的人数以 35 人左右为宜。

(3) 实施灭火

各部机降到地面后，要迅速组织实施灭火。组织实施灭火的步骤：选择营地、接近火场、突破火线、分兵合围、前打后清、会合立标、回头清理、看守火场、撤离火场。

(4) 配合灭火

① 机降与索降配合灭火 在进行机降灭火时，如果火场个别地段不能实施机降灭火时，就应与索降配合灭火，向没有机降条件的地段实施索降灭火。在没有机降条件的大火

场，要通过实施索降，为机降灭火开设直升机降落场地，为实施机降灭火创造条件。

② 机降与地面配合灭火　在扑救重大或特大森林火灾时，如果交通方便，可直接从地面上人，在远离公路、铁路的地域实施机降灭火，配合地面队伍作战。

③ 机降与化学灭火配合灭火　在火场面积大、交通条件差又有飞机化学灭火条件的火场，可通过机降与飞机化学灭火相互配合灭火。在这种情况下，机降灭火主要用于森林郁闭度大的地段，而对森林郁闭度小的地段及草塘应实施飞机化学灭火。

(5)兵力调整

① 在扑救重大或特大森林火灾时，当火场的某段火线被扑灭后，可对其进行兵力调整，留下少部分兵力看守火线而抽调大部分兵力增援其他火线；② 当火场某段出现险情时，可从各部抽调部分兵力对火场出现的险段实施有效的补救措施。

(6)转场扑火

当一个火场被扑灭后，又出现新的火场时，可进行转场灭火。转场灭火时，要做好各项保障工作：①给养保障；②灭火机具及装备的保障；③灭火油料的保障。

6.9.1.5　注意事项

(1)机降位置与火线的距离

机降位置距顺风火线不少于700 m、距侧风火线不少于400 m、距逆风火线不少于300 m；机降点附近有河流时，应选择靠近火线一侧机降；机降点附近有公路、铁路时，应选择没有火的一侧机降。

(2)开设机降场地的技术要求

① 根据《中华人民共和国民航飞行条例》中的有关直升机在野外降落及起飞时的场地坡度条件的相关规定，机降场地应选择地势平坦、坡度小于5°的开阔地带；② 开设直升机野外机降场地的规格应不小于40 m×60 m，伐根不高于10 cm，树高大于25 m时，机降场地应不小于60 m×100 m，长度方向要与沟塘走向相同；③ 机降场地附近不允许有吊挂木，以保证直升机及扑火人员安全。

(3)各降落点之间的距离

在通常情况下，各降落点之间的距离应在5 h内能够相互会合为最佳距离，在扑打高强度火线及火头时，要相应地缩短距离。

(4)布兵次序

通常情况下，应遵循先难后易，即先重点后一般；先火头，再火翼；最后是火尾的原则。在大风天气下，应改为先易后难，即先火尾，再火翼，最后是火头。

6.9.2　伞降灭火

利用固定翼飞机，如伊尔－12、伊尔14型飞机在火场的附近进行跳伞灭火，其最大优点是在不具备机降条件的火场，能够及时的把扑火队员运送到火线附近，迅速地扑灭突发火场(图6-2)。索降队员的主要任务是：

①直接扑救森林火灾，伞降队员到达火线后马上组织扑救林火；

②开辟机降场地，伞降队员到达地面后可以开设机降场地，便于飞机着陆；

③跳伞引路，当扑火队员到达火场附近而找不到火场或扑火后迷失方向时，通过跳

伞，引导地面扑火队员认清方向，迅速到达目的地。然而，由于林区地形复杂、天气多变，给跳伞灭火带来困难，如果着陆地选择或控制不当，跳伞队员容易受伤或挂在树上下不来，直接影响扑火。

图 6-2　伞降灭火

6.9.3　索降灭火

6.9.3.1　索降灭火发展

直升机索降在森林灭火中的应用可追溯到 20 世纪 70 年代中期，因受高山林密等情况的影响无法实施机降灭火。由美国首先从军事领域将索降技术引入到森林灭火中。然后直升机索降技术在俄罗斯、加拿大等国家广泛应用于扑救森林火灾。俄罗斯平均每年索降8000～10 000 次扑救原始森林火灾。加拿大哥伦比亚省和阿尔伯塔省把索降灭火作为重要的灭火技术措施，应用于森林灭火。到了 90 年代世界各国开始利用索降技术担负特殊地形森林火灾扑救任务(图6-3)。

我国在森林灭火索降应用起步较晚。1981 年在贝尔直升机上作试验，从悬停的直升机上通过软梯上下。20 世纪 90 年代后我国开始研究森林灭火索降技术，并在部分林区实施森林灭火索降技术，在扑救

图 6-3　索降灭火

森林火灾中收到了一定的效果。2002 年武警森林部队在扑救内蒙古北部原始林区"7·28"大火时成功使用了索降灭火技术。

6.9.3.2　索降灭火技术特点

索降灭火是指利用直升机空中悬停，使用索降器材把扑火队员和灭火装备迅速从飞机上送到地面的一种灭火方法，它能够弥补机降灭火的不足，主要用于扑救没有机降场地、交通不便的偏远林区的林火。

(1)接近火场快

索降灭火主要用于交通条件差、无机降条件的火场，利用索降布兵，灭火人员可以迅速接近火线实施灭火作战，为实现速战速决创造条件。

(2)机动性强

① 对小火场及初发阶段的林火可采取索降直接灭火。② 火场面积大，索降队伍不能独立完成灭火任务时，索降队员可以先期到达火场开设直升机降落场，为扑火队伍进入火场创造机降条件。③ 火场面积大、地形复杂时，可在不能进行机降的地带进行索降，配

合机降灭火。④ 大火场的特殊地域发生复燃火，因受地形影响不能进行机降，地面队伍又不能及时赶到发生复燃火的地域时，可利用索降对其采取必要的措施。

（3）受地形影响小

机降灭火要求条件较高，面积、坡度、地理环境等对机降灭火都会产生较大的影响，在林区特别是原始森林中不容易找到机降场地，而索降灭火在地形条件较复杂的情况下也能进行索降作业。

6.9.3.3 索降灭火的适用范围

（1）特殊地形条件下的索降

用于扑救无路、偏远、林密、火场周围没有机降条件的林火，用于完成特殊地形和其他特殊条件下的突击性任务。

（2）索降灭火常用于小火场、林火初发阶段

① 索降灭火通常使用于小火场和林火初发阶段，因此，索降灭火特别强调一个快字。这就要求索降队员平时要加强训练，特别是在防火期内要做好一切索降灭火准备工作，做到一声令下，能够迅速出动；② 直升机到达火场后，指挥员要选择好索降点，把索降队员及必要的灭火装备安全地降送到地面；③ 参战人员索降到地面之后，要迅速投入扑火。因为火场面积、火势随着燃烧时间的增加会发生不可预测的变化，这就要求在进行索降灭火时，要牢牢抓住林火初发阶段和火场面积小这一有利战机，做到速战速决。

（3）索降在大火场的运用

在大火场使用索降灭火时，索降队的主要任务不是直接进行灭火作战，而是为大部队参战创造机降条件。在没有实施机降灭火条件的大面积的火场，要根据火场所需要的参战兵力及突破口的数量，在火场周围选择相应数量的索降点，然后派索降队员前往开设直升机降落场地，为大部队顺利实施机降灭火创造条件。开设直升机降落场地的面积要求不小于 60 m×40 m。

（4）索降与机降配合作战

在进行机降灭火作战时，火场的有些火线因受地形条件和其他因素的影响，不能进行机降作业，如不及时采取应急措施就会对整个火场的扑救造成不利影响。在这种情况下，索降可以配合机降进行灭火作战。在进行索降作业时，要根据火线长度，沿火线多处索降。索降队在特殊地段火线扑火直到与机降灭火的队伍会合为止。

（5）索降配合扑打复燃火

在大风天气实施机降灭火时，离宿营地较远又没有机降条件的位置突然发生复燃火时，如果不能及时赶到并迅速扑灭复燃的火线，会使整个灭火作战前功尽弃，在这种十分紧急的情况下，最好的应急办法就是采取索降配合作战。因为，只有索降这一手段才可能把部队及时地直接送到发生复燃的火线，把复燃火消灭在初发阶段。

（6）索降配合清理火线

在大火场或特大火场扑灭明火后，关键是彻底清理火线。但是由于火场面积太大，火线太长，为整个火场的清理带来困难。这时，索降队可配合清理火线，主要任务是担负对特殊地段和没有直升机降落场地造成两支灭火队伍之间的距离过大，不能对扑灭的火线进行及时的清理，又不能采取其他空运灭火手段的火线进行索降作业，配合地面部队进行清

理火线。

(7)撤离火场

索降队伍在撤离火场时应做到以下两点：① 整个火场被扑灭后，在保证火场不能复燃的前提下，经请示上级同意，方可撤离火场；② 开设一块不小于 40 m×60 m 的直升机降落场地，为撤离火场做好准备。

6.9.3.4　技术要求

(1)索降场地标准

① 索降及索上场地林窗面积不小于 10 m×10 m，以免索降索上作业时由于人员摆动而碰撞树干和树冠，造成人员伤亡或索降设备损坏。② 索降场地的坡度不大于 40°，严禁在悬崖峭壁上进行索降、索上作业。③ 索降场地应选择在火场风向的上方或侧方，避开林火对索降队员的威胁。

(2)索降对气象条件的要求

① 索降作业时的最大风速不得超过 8 m/s；② 索降作业时的能见度应不小于 10 km；③ 索降作业时的气温不得超过 30℃。

(3)索降场地与火线的距离

① 索降场地与顺风火线的距离不少于 800 m；② 索降场地与侧风火线的距离不少于 500 m；③ 索降场地与逆风火线的距离不少于 400 m。

6.9.3.5　紧急情况处理

①在索降、索上过程中，索降设备一旦出现故障，可采取飞机原地升高的措施将索降、索上中的悬挂人员超过树高 20 m，缓缓飞到附近能够进行机降的场地，将人安全降至地面。索降队员落地后，要迅速解脱索钩或割断绳索，向飞机左前方撤离；

②在索降过程中或索降到地面后，索降队员受伤或发生人身安全问题时，在保证索降队员人身安全的前提下，可通过索上的方法采取营救措施；

③第一次执行索降灭火或索降训练任务的直升机，必须经过本场悬吊 150 kg 沙袋，检验索降设备的安全可靠性，以确保索降作业的安全；

④执行索降灭火或索降训练任务的直升机，应留有 20% 的载重余地，以确保飞行安全；

⑤除极特殊情况外，不准飞机带吊挂悬人从一个索降场地飞到另一个索降场地作业。

6.9.4　吊桶灭火

森林火灾在世界范围内频繁发生，对生态系统造成了严重的破坏，被世界公认为八大自然灾害之一，具有突发性强、破坏性大、处置救助较为困难等特点。森林航空消防作为我国森林防火灭火工作中不可或缺的一部分，随着森林航空消防技术和装备的不断发展，效果日益显著。

吊桶灭火主要用于直升机空中投放式灭火，将其悬挂至直升机机腹下方，由水源地取水后飞行至火场，通过控制装置打开吊桶，迅速将水放出，达到灭火效果。直升机吊桶灭火是指利用直升机外挂特制的吊桶载水或化学药剂直接向火头、火线喷洒或向地面设置的吊桶水箱注水的一种灭火方法(图6-4)。

图 6-4　吊桶灭火

6.9.4.1　直升机吊桶作业的特点

①喷洒准确　利用直升机吊桶灭火，要比用固定翼飞机向火场洒水或进行化学灭火的准确性好，同时还能够提高水和化学药剂的利用率。

②机动性强　直升机吊桶作业可以单独扑灭初发阶段的林火和小火场，也可以配合地面扑火队灭火，同时，还可以为地面扑火队运水注入吊桶水箱，进行直接灭火和间接灭火，并能为在火场进行灭火的扑火队伍提供生活用水。

③对水源的条件要求低　水深度在 1 m 以上，水面宽度在 2 m 以上的河流、湖泊、池塘都可以作为吊桶作业的水源。如果火场周围没有上述的水源条件时，也可以在小溪、沼泽等地挖深 1 m、宽 2 m 以上的水坑作为吊桶作业的水源。

④成本低　直升机吊桶作业主要以洒水灭火为主，为此，灭火的成本要比化学灭火成本低很多。

6.9.4.2　吊桶作业灭火方法

根据火场面积的大小、火势的强弱、林火的种类、火场的能见度以及其他因素来确定作业方法，吊桶作业灭火主要分为 2 种：一是直接灭火；二是间接灭火。

（1）直接灭火

直接灭火就是用直升机吊桶载水或化学灭火药剂直接喷洒在火头、火线或林火蔓延前方的可燃物上，起到阻火、灭火的作用。用直升机吊桶作业实施灭火时，要根据火场的面积、形状、火线长度、林火类型、位置、强度等诸多因素来确定所要采取的吊桶作业灭火技术。通常，要根据每一段火线的具体情况，采取相应的喷洒技术实施灭火。常用的喷洒技术主要有：

①点状喷洒技术　指直升机悬停在火点上空向地面洒水的一种技术。主要用于扑救小面积飞火、火点、火线附近的单株树冠火和清理火场以及为设在地面的吊桶水箱注水等。即用直升机吊桶载水后，按照地面指挥员所示的目标，在目标上空适当的高度悬停，将水一次性向目标喷洒。

②带状喷洒技术　指直升机沿火线直线飞行洒水的一种技术。主要用于扑救火场的火翼、火尾以及低强度的火线。即在火强度高时，要相对降低飞机的飞行速度，沿火线边飞行边进行洒水。在扑救低强度火时，要相对提高飞机的飞行速度进行灭火。

③弧状喷洒技术　指直升机沿弧形火线飞行洒水灭火的一种技术，主要用于扑救火头和火场上较大的凸出部位的火线；喷洒方法中，飞机对火头和火场上凸出的部位实施灭火时，要沿着火线的弧形飞行灭火，同时要相对地降低飞机的飞行速度。

（2）间接灭火

间接灭火就是直升机离开火线建立阻火线拦截林火，控制林火或为地面的吊桶水箱注水配合地面扑火的灭火方法。

①配合地面灭火　直升机吊桶作业配合地面间接灭火时，如果火场烟大、能见度差，可在火头和高强度火线前方建立阻火线拦截火头，控制过火面积。使用化学药剂灭火效果更佳。

②为地面灭火供水　直升机吊桶作业为地面扑火队伍运水配合灭火时，在地面扑火的各部要在自己的火线附近选择一块比较平坦的开阔地带，架设吊桶水箱，并在水箱旁设立明显的标记为直升机显示目标，以便直升机能够准确迅速地找到吊桶水箱的位置。一架直升机可同时向几个设在不同位置的吊桶水箱供水。地面的扑火队伍可在水箱旁架设水泵灭火，也可为水枪供水灭火。

③为地面生活供水　在火场周围没有饮用水时，可利用直升机吊桶作业为扑火队伍提供生活用水。

6.9.4.3　吊桶及水箱的容量

M18 直升机吊桶容量在 1500~2000 kg；松鼠、直 - 9、贝尔 - 212 等直升机的吊桶容量在 700~1000 kg。各种型号吊桶参数见表 6-1 和图 6-5。

表 6-1　吊桶参数

型　号	载水量（t）	产品重量（kg）	特　点
XFT1A	2~3.3，四档可调	≤150	采用电传操纵，优化结构和取水效率
XFT1B	1~1.5，两档可调	≤100	
XFT1C	0.5~1.0，两档可调	≤70	
XFT1D	5	≤200	预研

图 6-5　直升机吊桶

6.9.5　利用飞机直接喷洒水或化学灭火剂

运 - 12 飞机经过改装后，在机舱中部装有一个铝合金水箱，最大载水 1500 kg，在箱体一侧有注水指示玻璃管，机腹留有洒水口，注水时底部阀门关闭。阀门经连杆结构直接接入驾驶舱，构成操作控制系统。加水必须在停机坪完成，飞机关车后由地勤人员通过消防车或消防栓人工加水。洒水操作由飞行员控制。在作业过程中，观察员准确判断火场位置，飞行员按照指示的位置及时拉动控制杆，将水或化学灭火剂洒向火场。直升机消防水箱安装在直升机机腹，可以有效消除吊挂飞行影响飞行速度和稳定性等不利因素，增大飞行速度，提高救援灭火效率(图6-6)。

(a)　　　　　　　　　　　　(b)

图6-6　利用航空化学等方式进行灭火

(a)飞机洒水　　(b)飞机洒化学灭火剂

6.10　推土机(挖机)灭火法

6.10.1　推土机在扑救森林火灾中的作用

森林经营单位必须拥有控制大面积火灾或扑灭高强度火的手段，以免对林火失去控制而形成重大灾害。推土机作为森林火灾先期扑救的一种大型森林消防工具，被世界许多先进国家广泛使用，可以满足控制大面积火灾或扑灭高强度地面火的要求。推土机灭火就是利用推土机开设隔离带，阻止林火继续蔓延的一种灭火方法。推土机开设隔离带时，其开设路线应选择树龄级小的疏林地。

6.10.2　主要用途

(1)开设防火通道

推土机履带对地面的平均压力小，附着能力高，具有较强的爬坡性能，能在30°的坡道上进行推土作业，推倒树木和残干，推走倒木和树桩，在人工扑火队无法通过的茂密灌木丛中或人工队伍来不及的时候利用推土机开辟出扑火通道。

(2)直接灭火

推土机可以配合地面扑火队员、森林消防车、空中灭火等扑火力量形成地空联合，进行直接灭火作业。

(3)快速建立火场控制线

推土机能够有效、快速地在不同类型的可燃物地段、不同地形条件下建立可靠的防火隔离带，进行间接灭火。

因此，作为大型森林消防设备，推土机在森林火灾综合扑救作业中起到了其他设备无法替代的作用。

6.10.3　推土机灭火的原则及技术要求

(1) 推土机直接灭火原则

①开设安全避火区，在实施直接扑救的同时，要根据火场火势的情况预先确定安全点的位置，开设安全避火区，以确保扑火机具和队员的安全。

②掌握推土机的使用条件，在条件允许的情况下，才能使用直接灭火战术。

③避免正面扑救高强度、蔓延速度快的火头，避免在鞍形地带进行扑救作业。

④要充分了解地形特征，包括坡度、土壤、岩石等。

(2) 推土机扑救作业的技术要求

①要求在扑火前对推土机的发动机、液压传动机构、行走机构、推土装置、翻倾保护装置、绞盘机或松土装置、驾驶室安全装置、灯光等进行检查。

②要求推土机手具备森林火灾扑救知识及林区坡道作业经验。

6.10.4　推土机灭火各组及人员的主要任务

①指挥员负责组织指挥和实施开设推土机阻火线的全部行动。

②定位员主要负责选择开设路线，并沿选择的路线做出明显的标记，以便推土机手沿标记开设隔离带。

③开路组主要负责清除开设路线上的障碍物。

④推土机组主要负责开设隔离带。

⑤点火组主要负责点放迎面火。

⑥清理组主要负责清理隔离带内的各种隐患。

⑦守护组主要任务是巡查、守护点火后的隔离带，防止跑火。

6.10.5　组织实施推土机灭火

(1) 选定路线

在开设推土机隔离带时，首先应由定位员选择好开设路线，开设路线要尽量避开密林和大树，并沿开设路线做出明显的标记，以便推土机手沿着标记开设隔离带。

(2) 清除障碍

在定位员选择好开设路线后，开路组要沿着标记清除开设路线上的障碍物，为推土机组顺利开设隔离带创造有利条件。

(3) 开设隔离带

推土机组在开路组清除障碍后，要沿着标记开设隔离带。开设隔离带时，推土机要大小搭配成组，小机在前，大机在后，把要清除的一切可燃物全部推到隔离带的外侧，防止点火后增加火强度，出现飞火，越过隔离带造成跑火，同时减轻守护难度。开设隔离带的宽度要根据林火种类、林火强度、可燃物的载量、风向、风速和地形情况而定。

（4）组织清理

在推土机组开设隔离带后，清理组要清理隔离带内的一切可燃物，以免点火时火通过这些可燃物烧到隔离带的外侧，造成跑火。实施点火后，清理组要对隔离带的内侧边缘进行再次清理。

（5）组织点火

隔离带开设完成之后，经指挥员检查合格，再组织点火组进行点火。点火时，要沿着隔离带内侧边缘点火，烧除隔离带与火场之间的可燃物，形成一个无可燃物区域，达到阻火和灭火的目的。组织点火时，也可以根据火场实际情况和开设隔离带的速度，进行分段点烧。

（6）守护组

实施点烧后，要对隔离带进行守护。守护的时间要根据当时的天气、可燃物、地形及火场的实际情况而定。

6.10.6　注意事项

①在组织推土机进行阻隔时，要开设推土机安全避险区。当受到大火威胁时，将推土机迅速撤到避险区内避险。

②开设隔离带时，一定要把所需清除的可燃物全部用推土机推到隔离带的外侧。

③在开设隔离带中，大火突然向隔离带方向快速袭来时，点火组要迅速沿隔离带内侧点放迎面火，以便保护隔离带内的人员及机械设备的安全。

6.11　消防车灭火法

6.11.1　森林消防车技术性能

森林消防车的主要技术性能：① 履带式水陆两用；② 爬坡32、侧斜25；③ 水2t；④ 最小吸水时间5 min；⑤ 射水距离：最大射水距离30 m，1~2级风时顺风32 m，逆风20 m，侧风30 m；⑥ 射水时间：用10 mm口径水枪射水15 min，用6 mm口径水枪射水25 min；⑦ 最佳灭火距离8~15 m；⑧ 有效灭火距离：低强度火线4000 m、中强度火线3000 m、高强度火线2000 m。

森林消防车除以上的技术性能外，还可以停在水源边吸水，接水带直接灭火和间接灭火。在铺设水带进行灭火时，如需要增加输水距离，可以通过串联消防车的方法解决，需要增加水量时，可以通过并联消防车的方法解决，同时需要增加水量、水压继续延长灭火距离时，可以采取并串联消防车的方法来实现。采取以上各种方法时，可参照利用水泵扑救地下火中的架设水泵方法实施。

6.11.2　森林消防车灭火特点

①灭火进度快；②机动性强；③安全。

6.11.3　森林消防车灭火方法

6.11.3.1　直接灭火

（1）单车灭火

①扑救高强度火　使用单车扑救火焰高度在 3 m 以上高强度火时，消防车要位于火线外侧 10～15 m 处平行火线行驶，同时使用两支 10 mm 口径水枪，一支向侧前方火线射水，另一支向侧面火线射水。同时派少量扑火人员沿火线随车跟进，扑打余火和清理火线。

②扑救中强度火　在扑救火焰高度 1.5～3 m 的中强度火时，消防车要位于火线外侧 8～10 m 处平行火线行驶，使用一支 6 mm 口径水枪向侧前方火线射水，用另一支 6 mm 口径水枪向侧面火线射水，车后要有扑打组和清理组配合灭火。

③扑救低强度火　在扑救火焰高度在 1.5 m 以下的低强度火时，消防车在突破火线后压着火线行驶的同时，使用一支 6 mm 口径水枪向车的正前方火线射水，另一支水枪换上雾状喷头向车后被压过的火线喷水。扑打组和清理组要跟在车后扑打余火和清理火线。在无水的情况下，消防车对低强度火线可直接碾压进行灭火。在碾压火线灭火时，左右两条履带要交替使用。

（2）双车配合交替跟进灭火

①顶风灭火　双车顶风灭火时，前车要位于火线外侧 10 m 左右处沿火线行驶，同时使用 10 mm 口径水枪向侧前方火线射水，用 6 mm 口径水枪向侧面火线射水。后车要与前车保持 15～20 m 的距离，压着前车扑灭的火线跟进，安装一个雾状喷头向车后被压过的火线洒水，清理火线。当前车需要加水时，后车要迅速接替前车灭火。前车加满水后迅速返回火线接替碾压火线和清理火线跟进，等待再次交替灭火。

②顺风灭火　双车顺风灭火时，前车从突破火线处压着火线向前行驶，用一支 10 mm 口径水枪向火线射水，用一支 6 mm 口径水枪向车后被扑灭的火线射水。后车要与前车保持 15～20 m 的距离压着前车扑灭的火线跟进，当前车需要加水时，后车要迅速接替灭火。前车返回火线后，继续压着被扑灭的火线跟进，并做好接替灭火的准备。

（3）三车配合相互穿插交替灭火

①三车配合相互穿插灭火　主要用于车辆顶风行驶灭火时，为了加快灭火进度，应采取相互穿插的方式灭火。第一台车在火线外侧适当的位置沿火线行驶，用两支 10 mm 口径水枪向侧前方和侧面火线射水；第二台车在后从火线内迅速插到第一台车的前方 50 m 左右处，突破火线冲到火线外侧，用与第一台车相同的方法沿火线顶风灭火。第一台车在迅速扑灭与第二台车之间的火线后，从火线内迅速插到第二台前方 50 m 左右处，突破火线，冲到火线外侧，继续向前灭火。第三台车在后面用履带压着被扑灭的火线跟进，用一支 6 mm 口径水枪扑打余火和清理火线。当前面相互穿插灭火的车辆有需要加水的车辆时，要迅速接替穿插灭火。加满水的车辆返回后要接替碾压火线，扑打余火和清理火线，随时准备再次接替穿插灭火。

②三车配合相互交替灭火　主要用于车辆顺风灭火时。这时，第一台车要位于火线外侧 10～15 m 处沿火线行驶，用两支 10 mm 口径水枪同时向侧前方和侧面火线射水；第二台车接近火线与前车保持 15～20 m 的距离行驶，用一支 6 mm 口径水枪扑打余火；第三台

车压着被扑灭的火线与第二台车保持 15~20 m 的距离行驶。当第一台车需要加水时，第二台车要迅速接替第一台车灭火，第三台车接替第二台车灭火。第一台车返回火线后，压着被扑灭的火线跟进，等待再次实施交替灭火。

6.11.3.2　间接灭火

森林消防车可以在火焰高、强度大、烟大及扑火人员无法接近的火线进行间接灭火。

（1）碾压阻火线阻隔灭火

在利用森林消防车实施阻隔灭火时，如果没有水，消防车可在林火蔓延前方合适的位置，横向碾压可燃物，左右碾压翻出生土或压出水分，然后，烧除隔离带内的零星可燃物。当隔离带内的可燃物被烧除后，再沿隔离带的内侧边缘点放迎面火。

（2）压倒可燃物阻隔灭火

碾压可燃物时间来不及时，可利用消防车快速往返压倒可燃物，使被压倒的可燃物的宽度达到 2 m 以上。在被压倒的可燃物内侧 0.5~1 m 的位置，沿被压倒的可燃物向前点放迎面火；当点放的迎面火烧成双线接近被压倒的可燃物时，扑火组要跟进点火组扑灭外线火；清理组要跟进扑打组进行清理；看护组要看护阻火线，一旦阻火线内出现明火要坚决扑灭。

（3）水浇可燃物阻隔灭火

在有水的条件下，消防车可在林火蔓延前方选择有利地形，横向压倒可燃物的同时，向被压倒的可燃物上浇水。点火组要紧跟在消防车后，在被压倒的可燃物内侧边缘点放迎面火；扑火组要在阻火线外侧跟进点火组扑灭进入阻火线的火；清理组要清理火线边缘。

（4）建立喷灌带阻隔灭火

利用临时喷灌带进行阻隔林火时，消防车要在林火蔓延方向前方合适的位置选择水源，把消防车停在水源边上，用水泵吸水并横向铺设水带，在每个水带的连接处安装一个"水贼"，在"水贼"的出水口上接一条细水带和一个转动喷头，然后把细水带和转动喷头用木棍立起固定，把水带端头用断水钳封闭水带，增加水带内的水压。每条水带的长度为 30 m，每个转动喷头的工作半径为 15 m，这样在林火蔓延前方就有了一条宽 30 m 的喷灌带（降雨带），这条喷灌带将有效地阻隔林火蔓延。根据需要，还可以并列铺设多条水带来加宽喷灌带的宽度。

（5）直接点火扑灭外线火

对高强度林火进行消防车阻隔灭火时，如果水源方便，可以在林火蔓延前方选择有利地带采取直接点放迎面火。当点放的迎面火分成内外两条火线时，利用消防车的水枪沿火线扑灭外线火，使点放的内侧火线烧向林火，达到阻火和灭火的目的。

6.12　人工降雨灭火法

1948 年，美国通用电气公司的科学家文森特谢福发现了科学的人工降雨方法。人工降水指根据自然界降水形成的原理，人为补充某些形成降水的必要条件，促进云滴迅速凝结并增大成雨滴，降落到地面。根据不同云层的物理特性，选择合适时机，用飞机、火箭向云中播撒干冰、碘化银、盐粉等催化剂，使云层降水或增加降水量，以解除或缓解农田干旱、增加水库灌溉水量、扑救森林火灾等。1987 年，在扑灭大兴安岭特大森林火灾中，人工降雨发挥了重要作用(图 6-7)。

图 6-7　人工降雨

6.12.1　催化作业的方式

(1)以在地面布置 AgI 燃烧炉为主手段

催化剂依靠山区向阳坡在一定时段常有的上升气流输送入云。这种方式的优点是经济、简便，其明显的缺点是难以确定催化剂入云的剂量。这种方式主要适合于经常有地形云发展、交通不便的山区。

(2)以高炮和火箭为主的地面作业

由于增焰剂炮弹和焰剂火箭的研制成功，将催化剂在合适的时段按需要的剂量输送到云的合适部位的问题已基本上获得解决。其缺点是虽已有车载火箭装备，可在一定范围内移动，但相对于飞机机动性仍差，适合于在固定目标区(如为水库增水)作业，特别是对飞机飞行安全有威胁的强大对流云进行的催化作业。WR－1B 型增雨防雹火箭作业系统是目前经国家人工影响天气中心唯一认定的火箭作业系统。它采用中国气象科学研究院 BR－91－Y 型高效碘化银焰剂，产生含 AgI 的复合冰核气溶胶，具有很高的成核率，其性能指标高于美国和独联体的同类产品。

(3)飞机催化作业

飞机催化作业的面比较宽，可以根据不同的云层条件和需要，选用暖云催化剂及其播撒装置，选用制冷剂及其播撒装置(如干冰、液氮)，也可挂载 AgI 燃烧炉、挂载飞机焰弹发射系统。还可装载探测仪器进行云微结构的观测和催化前后云宏、微观状态变化的追踪监测。不过不是所有的云都可以用来"播雨"的，一般说来低云族中的雨层云和层积云，或中云族中的高层云较为适宜；少云或者晴空条件下，就不能进行飞机人工增雨。

6.12.2　注意事项

(1)人工降雨作业只有在一定的自然云的条件下才能获取所需的增加水量的结果，目前的技术条件还无法做到人工造雨。

（2）对于不同条件的云进行同样的催化作用，可能会得出正、反两种不相同的结果。所以为了获得增雨效果，必须对自然云条件和降水过程进行更深入的探测研究。

（3）自然降水量的变率很大，而人工增雨量又往往比较小，在一次降水过程中，很难把人工增雨和自然降雨区分开来。因此，评价人工降雨效果及其检验方法仍然是人工影响天气科学主攻目标。

（4）人工降水已从初期的试验研究，逐步转为有严格设计、多种探测手段及作业技术现代化与通信等相结合的试验应用技术，成为目前我国及不少国家的抗旱减灾的措施之一。

思考题

1. 简述防火线的开设原则和方法。
2. 简述火攻灭火的使用范围。
3. 火攻灭火的技术要求有哪些？
4. 简述爆破灭火法的灭火原理与注意事项。

第7章

常见森林灭火装备

7.1 风力灭火机

风力灭火机的性能就是利用风机产生的强风，将可燃物燃烧产生的热量带走，切断已燃、正燃和未燃可燃物之间的联系，带走可燃性气体，使火熄灭的一种方法。风力灭火机主要用于灭明火，其次是灭暗火。风力灭火机是森林防火基层单位的专业扑火队和半专业扑火队最常见的扑灭地表火的灭火机械，可分为手提式风力灭火机和背负式风力灭火机。

7.1.1 风力灭火机的构造

风力灭火机主要由汽油机、自吸式离心风机、前握把、后握把、背带和其他附件等构成，5 马力*的汽油机为其提供动力，风机由叶轮、风筒等组成，离心式风机叶轮直接与汽油机输出轴连接，叶轮旋转时产生高速气流。叶轮在发动机的驱动下，高速旋转产生强风直接灭火，安装不同的附件可喷干粉、燃油和水。风筒出口风速为 70 m/s，风量为 0.5 m³/s。出口 2 m 处风速大于 20 m/s，可吹走两块捆绑在一起的标准码(230 mm ×115 mm×53 mm，重 5 kg)，相当于 9 级大风的风速(20.8～24.5 m/s)。风力灭火机具有重量轻、体积小、功率大的特点。风力灭火机的主要技术规格及图示见表 7-1 和表 7-2。

---

* 注：1 马力 = 0.7355 kW。

表 7-1 6MF 风力灭火机的主要技术规格及图示

参数	技术指标	图示
形式	手提式多用机	
外形	长×宽×高(870 mm×310 mm×380 mm)	
净重	11 kg	
风速	20~22 m/s(喷风状态距风筒出口2 m处)	
可燃物相容积	1.4L	
发动机型号	IFF(单缸2冲程风冷汽油机)	
燃油	93汽油与车用机油按容积比20:1混合	

表 7-2 EBZ8500 小松背负式风机主要技术规格及图示

参数	技术指标	图示
发动机	层状扫气式环保发动机	
型式	背负式	
排量	75.6 cm³	
平均风量	1542 m³/h	
最大风量	1740 m³/h	
最大风速	92.2m/s	
油箱	2.5 L	
重量	10.2 kg	
原装进口	产地日本	
用途	户外清扫、森林灭火等领域	
燃油	93汽油与车用机油按容积比20:1混合	
特点	质量好、重量轻、功率大、容易起动	

7.1.2 风力灭火机的灭火原理

(1)隔离可燃物

风力灭火机利用风机产生的强风,将火线上的可燃物吹向火烧迹地,切断已燃、正燃和未燃可燃物之间的联系,使火线上的可燃物不连续,从而使火熄灭。

(2)带走热量

风力灭火机利用风机产生的强风,将可燃物燃烧产生的热量带走,使火线温度降低,从而使火势减小。

(3)带走可燃气体

风力灭火机利用风机产生的强风,将可燃物受热分解的可燃气体吹走,减少可燃性气体的含量,使火熄灭。

7.1.3　风力灭火机的使用方法

（1）扑打式

主要用于扑打弱、低、中强度地表火。作为切割火焰底线的主要方法。

（2）清理式

主要用于清理火线，拓宽防火隔离带。

（3）控制式

一般为2个或2个以上风力灭火机配合扑火，主要用于压制火焰，把火线上的火焰推向火烧迹地，便于其他风力灭火机成员实施扑打式，阻止火线扩展和燃烧。

（4）冷却式

主要用于排除热辐射对正在灭火中的风力灭火机手和风机油箱构成的威胁。

7.1.4　风力灭火机的注意事项

（1）注意事项

①风力灭火机风筒对着火焰基部吹，而不是对着火焰吹（除控制式外），否则变成鼓风机，使火越吹越旺。

②两个45°角。其一，风力灭火机手脸部不能正对着火焰，而是侧对着火焰（即人和风力灭火机与火线或火焰成45°角），只让火焰热辐射一边脸，一定时间内换一边，这样可保存扑火队员的战斗力；其二，风力灭火机风筒与地面的夹角成45°，这样风筒吹出来的风的力度最大，灭火效果最好。

（2）保养与维修

防火期要求每天要对风力灭火机的发动机和油箱等进行检查，并且拉着灭火机一次，保证空转3 min以上。非防火期，每个月拉风力灭火机一次，保证空转3min以上；在非防火季，风力灭火机存放时，要排空油箱中的燃油，擦拭干净以后存放，并且定期进行检修、保养。风力灭火机存放的地点要求通风、干燥、远离火源。

7.2　灭火水枪

7.2.1　灭火水枪的构造

灭火水枪主要由胶囊（或塑料桶）和水枪两部分组成。脐带或塑料桶是盛装水或化学灭火液体的容器，配有背带可背负。水枪（手动泵）由泵筒、塞杆、进水阀门、出水阀门和喷头组成。筒和塞杆全用硬塑料管制作，其他用铝合金加工而成。该工具自重2.2 kg，携带很方便。胶囊或塑料桶一次装水20 kg，喷水成细柱状，可连续喷水4 min，最远射程10 m，有效射程为4~5 m。该灭火工具主要用于扑灭初发火和弱度地表火的火线，清理火场以及控制防火线。值得一提的是，农用杀虫喷雾器就是一种实用的"灭火水枪"。

（1）往复式灭火水枪

性能特点：水枪自重<0.5 kg，整套全重2.2 kg。最佳灭火距离2.5~6 m，最远射程

11～13 m，胶水袋一次可装水 22 kg。盛水胶布袋内有拉筋，袋口设有防溢装置，装满水后成方形，像战士行军背包一样。外袋盛放胶水袋用，经过处理防水、防刮，背水袋上增加 3 条背袋可把整个外袋捆在背上，防止晃动有利于安全作业。最新加工的出水阀，外加一道槽嵌有"O"形胶圈，避免了和外管内壁碰撞。用来配合其他工具扑火，如用它把一号工具(树枝)、二号工具喷湿，大增灭火效果，或加个开关和风力灭火机配合灭火，功率增加好几倍。在胶袋内按比例加入灭火剂，灭火效果更为理想。水枪枪头与枪身为挤压成型，可拆卸便于维修，不生锈，水枪与水包线之间的连接可拆卸。桶式储水使用方便快捷，灭火效果佳(图7-1)。

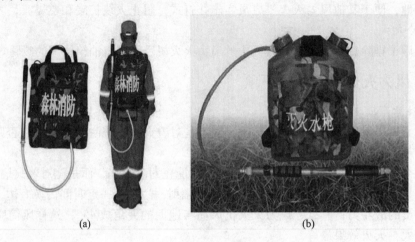

(a)　　　　　　　　　　　　(b)

图7-1　往复式灭火水枪

(2)背负式灭火水枪

背负式灭火水枪采用铝合金不锈钢密封球和弹簧，枪体轻且耐用，提高了使用寿命。盛水胶布袋内有拉筋，袋口设有防溢(加水后袋口会自动封闭防溢)，出水处加有自动开关。胶袋装满水后呈方形，背负舒适。不作为水枪用时可兼用运水工具。水桶采用优质塑料模压而成，上出水防漏设计；可单独做背水桶和背油桶使用，为野外生活运水，解决喝水、做饭问题，一桶多用(表7-3)。

表7-3　背负式灭火水枪(RFSB－2)主要技术规格

参　数	技术指标	参　数	技术指标
材料	铝枪体、水袋(水桶)	设计容量	20 kg
手泵自重	0.45 kg	接口公称通径	8 mm
整套手泵全重	3.2 kg	喷嘴当量直径	3.2～3.3 mm
最佳灭火距离	2～10 m	喷射状态	直射、散射
最远射程	直射 14.5 m		

(3)其他新型灭火水枪

其他新型背负式灭火水枪有以下型号(图7-2、图7-3)。

图 7-2　背负式水雾灭火水枪
（腾龙万安 DBX12 型）

图 7-3　背负式脉冲气压喷雾水枪（北京九州）

7.2.2　灭火水枪的灭火原理

水是最好的灭火剂，主要利用水来降低火线温度；其次，水柱降压火势；第三，水分在火线上蒸发，发生大量水蒸气，降低可燃气体和氧气的浓度，起到灭火的作用。

7.2.3　灭火水枪的使用方法

（1）扑救初发森林火灾

因为初发火场的火强度低，火场面积小，有水条件下，使用灭火水枪直接灭火，可以起到"打早、打小、打了"的目的。

（2）清理余火

因风力灭火机扑灭火线的明火后，可能还存有余火，如不清理彻底，容易引发复燃火，使用灭火水枪在扑灭明火的火线上洒水，清理彻底；另外，在很难清理地段，如扑火队员无法到达的火线，通过灭火水枪的射程进行清理，方便又安全。

（3）配合风力灭火机灭火

当地表火强度达到中强度火时，风力灭火机操作员受火的影响较大，很难实施风力灭火机直接灭火，此时先用灭火水枪在中强度火的火线上洒水将火势降低，使中强度火变为低强度火，从而有利于风力灭火机实施直接灭火。

7.2.4　灭火水枪的注意事项

火场上水资源十分珍贵，使用水枪时注意不要浪费水资源，最好散射在火线上，因此，操作灭火水枪时，保持水枪头与被扑灭火线之间的距离不变，确保加压后的水正好射在火线上，灭火效果最好。

7.3 消防水泵

7.3.1 消防水泵的构造及工作原理

水泵开动前，先将泵和进水管灌满水，水泵运转后，在叶轮高速旋转而产生的离心力的作用下，叶轮流道里的水被甩向四周，压入蜗壳，叶轮入口形成真空，水池的水在外界大气压力下沿吸水管被吸入补充了这个空间。继而吸入的水又被叶轮甩出经蜗壳而进入出水管。由此可见，若离心泵叶轮不断旋转，则可连续吸水、压水，水便可源源不断地从低处扬到高处或远方。综上所述，离心泵是由于在叶轮的高速旋转所产生的离心力的作用下，将水提向高处。

背负式高压消防泵采用了新技术、新材料，采用了复合轴承转动，结构上实现了低线速度、低转数滚动配合，大大降低了零部件磨损，解决了大排量高压状态下偏摆时的耐磨蚀问题；该泵型还采用了特殊研制的高压密封环，保证了长期运行无泄漏，更重要的是新材料可重复使用，工作寿命大大延长(图7-4)。

该泵型集合了离心泵和往复泵等成熟泵型的结构特点，以其最简的结构和体积实现了高压和大排量。既具有往复式泵型的高压输出，又兼有离心泵型的大排量。

相比同功率、同扬程传统水泵，偏摆型容积式水泵的体积和重量均小于50%以上。如

(a)　(b)　(c)　(d)

图7-4　背负式高压消防泵(奥丁)

果外壳等主要部件逐步采用复合材料，重量还将下降30%，便于运输、安装和维修，特别是便于农林山区作业，也便于大型装备的配套组装。

偏摆型水泵采用了高科技新材料，实现了负间隙的过盈滚动配合以及背压原理和结构，单泵可实现高达10 MPa的高压，远高于一般的单级离心泵。由于该泵型系偏摆型容积泵，泵的排量与压力无关，不像叶片泵等泵型是通过提高转速来提高泵的扬程，因而同时具有高速高压的特点。偏摆型容积式水泵具有强劲的负压功能，也就是自吸能力，无需注水，无需抽真空，在8 m垂直高度下，开机自吸到正常供水只需10 s左右，而且水泵水平距离吸程可达200 m，大大减轻操作强度，节省操作时间（图7-5）。

图7-5 河北盛多威偏摆型水泵外形及实施灭火

7.3.2 消防水泵的灭火原理

火场附近有可及水源时可以利用水泵灭火。水泵灭火是在火场附近的水源架设水泵，向火场铺设水带，并用水枪喷水灭火的一种方法。其灭火原理：首先，利用水来降低火线温度；其次，水在火线上蒸发，产生大量水蒸气，降低可燃气体和氧气的浓度，起到灭火的作用。

7.3.3 消防水泵的使用方法

(1)消防水泵单机应用

单泵架设主要用于小火场、水源近和初发火场。可在小溪、河流、小水泡子、湖泊、沼泽等水源边缘架设一台水泵向火场输水灭火。放置于小溪、河流、湖泊、沼泽等水源地，连接40消防水带，距离水源500 m及以上，在垂直海拔差130 m以上，直接出水灭火，垂直高度差135 m，17条水带，510 m，出水时间约4 min。

(2)消防水泵并联战术

并联泵架设主要用于输水量不足时，在同一水源或两个不同水源各架设一台水泵，用一个"Y"形分水器把两台水泵的输水带连接在一起，把水输入到主输水带，增加输水量。1台奥丁高压机动泵（ODIN P13F）为2台奥丁背负式消防泵供水，将1台奥丁高压机动泵放置于小溪、河流、湖泊、沼泽等水源地，距离水源500 m及以上，背负式消防泵放置于山坡位置，奥丁高压机动泵出口采用40消防水带并通过三通给并联的背负式消防泵供水，并联的背负泵放置于垂直海拔差50～80 m处，垂直高度差68 m，10条水带（8带2），270 m。

（3）消防水泵串联战术

接力泵架设主要用于大火场或距水源远的中小火场。输水距离长及水压不足时，可根据需要在铺设的水带线合适的位置上加架水泵，以增加水的压力和输水距离。通常情况下，在一条水带线的不同位置上，可同时架设3~5台水泵进行接力输水。一台奥丁高压机动泵（ODIN P13F）串联多台奥丁背负式消防泵，将一台奥丁高压机动泵放置于小溪、河流、湖泊、沼泽等水源地，多台背负式消防泵放置于山坡接力，垂直海拔差300 m及以上供水及灭火，垂直高度差330 m，50条水带，1500 m，1台高压机动泵串联4台背负式消防泵。

（4）消防水泵并联接力战术

并联接力泵架设主要用于输水距离远，水压与水量同时不足时。可在架设并联泵的基础上，在水带线的不同位置架设若干台水泵进行接力输水。当水泵的输水距离达到极限距离后，可为森林消防车和各种背负式水枪加水，也可通过水带变径的方法继续增加输水距离。

7.3.4　消防水泵的注意事项

防止长时间工作引起温度过高烧坏消防水泵，因此工作2 h停机0.5 h。

7.4　一号和二号工具

7.4.1　一号和二号工具简介

一号工具主要是有一定柔韧性的鲜活树枝，其大小与长短没有规定，就地取材；二号工具主要是一定长度的手柄上装上橡皮条或者铁质链条。二号工具由破旧轮胎的里层，剪成80~100 cm长，2~3 cm宽，取20~30根用铆钉或铁丝固定在1.5 m左右长，3~8 cm左右粗的木棒上制成的扑火工具称为二号工具（图7-6）。

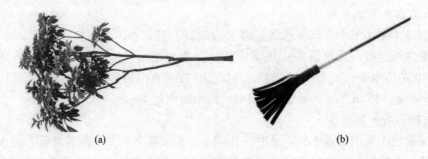

(a)　　　　　　　　　　　　　　　　(b)

图7-6　一号和二号工具

7.4.2　一号和二号工具的灭火原理

其一，使用一号或二号工具直接打压火线；其二，一号或二号工具拖起火线地表的灰烬，减少火线上的可燃气体和氧气含量，从而达到灭火的目的。

7.4.3　一号和二号工具的使用方法

（1）直接扑火

直接使用一号或二号工具扑打中、低强度的地表火。

（2）清理余火

为了减少风力灭火机等机械工具的成本，可以使用一号或二号工具清理余火。

7.4.4　一号和二号工具的注意事项

（1）"一打三拖"

使用一号或二号工具扑打中、低强度的地表火时，一定要注意，不需要连续扑打，而是"一打三拖"即打压一次后连续拖 3~5 次，这比连续打压 3~5 次省力，效果更好，因为拖的过程使火线上的灰烬卷起来，从而减少火线上可燃气体和氧气的含量。

（2）抬高不超过 75°

使用一号或二号工具扑打中、低强度的地表火时，因一号或二号工具中会夹杂着带有热量的灰烬或正在燃烧的可燃物，如果抬起太高，灰烬或正在燃烧的可燃物因惯性的作用，会散落在扑火队员自己及后面的队友的头或身上，容易着火，造成人员伤亡，因此抬高不能超过 75°。

7.5　点火器

7.5.1　点火器简介

点火器主要用于计划烧除和火攻灭火（点迎面火）时使用，是专业消防队不可缺少的扑火工具之一，也是点火自救的工具。点火器种类较多，现介绍几种。

（1）DH－1 型滴油式点火器

该点火器由可背负的油桶、输油管、手把开关、点火杆和点火头组成。点火头是薄铁皮做面的圆锥形罩子，内添耐高温的玻璃纤维布或临时放些棉线团布做芯子，用火柴即可点燃。

（2）17－型点火器

17－型点火器是根据 17－型喷雾器改装而成。由油箱、油管和喷头 3 部分组成。以汽油、柴油为可燃物。具体积小、重量轻、无震动、喷火强、工作方便、喷火宜近宜远、熄火容易等特点，是一种很实用的点火工具。汽油、柴油倒入油箱后，借助传动机构的工作，使汽室内充汽油、柴油。由于增大了大气压力，迫使汽油、柴油通过油管流入喷枪。喷火头上加置点火芯，工作人员背在身后用火柴点火芯即可喷火。它是点烧防火线或以火攻火常用的点火工具，见表 7-4。

表7-4　17－型点火器主要技术参数

参　　数	技术指标
外形尺寸	350mm×200mm×450 mm
自重	4.6 kg
油箱容量	17 L
喷口直径	0.5 mm、0.7 mm、0.9 mm
工作压力	8 kg，可喷2.5～3.5 m
耗油量	可单独使用汽油、柴油，也可混合使用
工作效率	17 kg混合油可喷射4 h，或烧防火线5.6 km

（3）HLDH－2点火器

采用纯汽油，使用前先把燃油从油桶上的油嘴加入，使用时靠油的自重流淌，流成串滴下，点火杆头上有火，形成带火的油滴，滴落下去，引燃可燃物，形成点火作业（图7-7）。

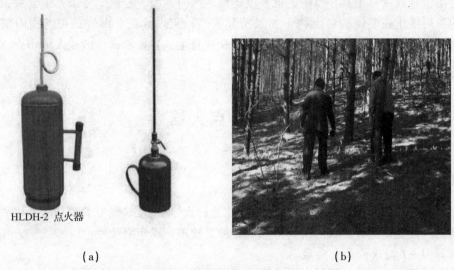

HLDH-2 点火器

（a）　　　　　　　　　　　　（b）

图7-7　滴油式点火器及作业
（a）滴油式点火器　（b）利用滴油式点火器进行计划烧除

7.5.2　点火器的主要用途

点火器主要用于计划烧除、火攻灭火、点烧防火防线及点火自救。

7.6　油锯和割灌机

7.6.1　油锯和割灌机简介

以油锯为例进行说明，油锯由前挡板、启动握把、空滤锁母、风门拉杆、扳机控制臂、手柄盖、扳机、熄火开关、燃油箱、启动器、前提把、机油箱、锯链、油锯导板等组成(图7-8)。

(a)　　　　　　　　　　　　(b)

图7-8　油锯(a)和割灌机(b)

7.6.2　油锯和割灌机的使用方法

主要用在开设防火隔离带,使用油锯清理防火隔离带上的林木或割灌机清理林下可燃物和防火隔离带上的易燃可燃物。

7.6.3　油锯和割灌机的注意事项

①油锯运转过程中,需松开刹车:前挡板向前提把方向拨动,刹车松开。

②油锯运转过程中,需打开阻风门:风门拉杆向外拉出,阻风门关闭;风门拉杆推回,阻风门打开。

③安装锯链,刀齿必须朝前方向,使用过程中,及时调整锯链的张紧度。

④使用时容易伤及操作手及队员,切忌用油锯对着他人,注意安全。

7.7　灭火弹

爆炸灭火是利用爆炸而产生飞溅的泥土覆盖到火源上而灭火,前苏联、美国、德国都对该技术有过研究,实验证明,爆炸可瞬间消耗局部大量氧气,而且爆炸产生的冲击波还能将火焰推离燃烧源,灭火效果也很显著。

7.7.1　灭火弹简介

自引式森林灭火弹由药芯、引信、填充物和外包装四部分组成。

(1)药芯

药芯是灭火弹主要组成部分,引燃爆破后可产生高压气体及冲击波灭火。

(2)引信

引信是遇林火自动引爆药芯的装置。

(3)填充物

填充物既可加速高压气体产生冲击波,又可辅助灭火。

(4)外包装

外包装是定型灭火弹的材料。

7.7.2　灭火弹的灭火原理

自引式森林灭火弹无须起爆装置，投入火线，引信遇到明火引燃，瞬间引燃药芯后产生剧烈化学反应并爆炸，爆炸后产生的高压、高温气体产物形成冲击波，并向周围传播，经过燃烧物后产生负压效应，破坏燃烧链，同时因爆炸产生的灰尘降低火线氧气及可燃气体的含量而起到灭火作用。

7.7.3　灭火弹的使用方法

扑火队员将灭火弹投放在火线上或火头前方。

7.7.4　灭火弹的注意事项

斜着向火线上投放，而不能正对着上坡方向投放，防止灭火弹滚动到扑火队员及队友脚下，避免砸伤或炸伤（特别是引爆式灭火弹）扑火队员（图7-9）。

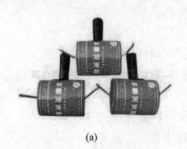

(a)　　　　　　　　　(b)

图7-9　灭火弹

7.8　森林扑火组合工具（含铁锹、锄头类）

7.8.1　组合工具简介

森林扑火组合工具由：砍刀、手锯、伐木斧、铁锹、扑火拍、五齿耙、两节连接杆、工具包等组成。

HLZJ组合工具：外形尺寸长720 mm、宽340 mm、重6 kg。由6种工具（砍刀、斧子、锯、锹、拍子、耙子）及活动手柄组成。灵活性好，活动手柄可与锹、拍子、耙子任意组合，装卸方便，适用广泛，6种工具相互配合，可有多种用途（如清障、扑火、开设隔离带等）。携带方便、体积小、重量轻，是扑火队员必备工具。拍子头部采用2.0 mm铁板一次冲压成型，增加强度，手柄长度可调节（图7-10）。如图7-11为SLZGJ-01森林防火轻型组合工具，具体参数见表7-5。

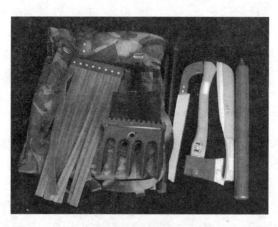

图 7-10　森林防火轻型组合工具

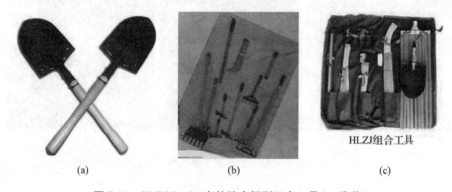

(a)　　　　　　　　　(b)　　　　　　　　　(c)

图 7-11　SLZGJ－01 森林防火轻型组合工具(一袋装)

表 7-5　SLZGJ－01 森林防火轻型组合工具主要技术参数

序号	名称	材质	外形尺寸(mm)	备　注
1	锹	50mn HRC	220×170	
2	耙	65Mn HRC 40	210×175	
3	斧	65Mn 45 HRC 50	210×130	
4	砍刀	50mn HRC 55	430	
5	橡胶打火拍	橡胶耐火处理	25×3	
6	联接手柄	YZ12	450×φ30×6 节	
7	工具背包	帆布	450×320×100	

7.8.2　组合工具的使用方法

　　森林扑火组合工具操作非常简单。连接杆可与锹、扑火拍、五齿耙任意连接，携带方便，多种用途。森林扑火组合工具是林业防火队伍野外开设防火隔离带、开辟防火通道、清理余火的各种功能齐备的工具之一，并完美实现了一套工具同时适应多人使用的效果。

7.9　森林灭火索

7.9.1　森林灭火索简介

由武警森林指挥学院开发的多型号森林灭火索，在扑救森林火灾中的使用技术，利用森林灭火索扑救不同类型的森林火灾，不仅能够弥补常规灭火和以往爆破灭火的诸多不足，且简便、快捷、效率高，发展前景十分广阔。

森林灭火索的主要成分为黑索金，采用 8 号电雷管和 66 式引爆器引爆，根据森林灭火索的规格、重量及效能分为一型、二型和三型森林灭火索 3 种型号（图 7-12）。

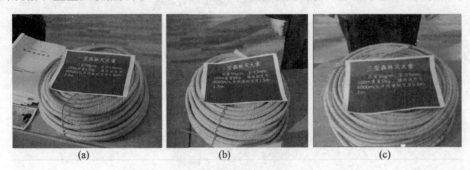

图 7-12　一型、二型和三型森林灭火索

7.9.2　灭火索的灭火原理

爆炸产生的生土带覆盖地表可燃物（主要是枯枝落叶），起到隔离可燃物而达灭火的目的。一般不用来实施直接灭火，而是在大火前方预定距离开设生土带作为阻火线或点火依托。

7.9.3　灭火索的使用方法

（1）扑救地表火

当遇到火头或高强度火时，可在被扑灭的火线一端，向火头或高强度火线前方有利于灭火的最佳位置铺设灭火索，并进行引爆，然后，再沿着爆破出的阻火线内侧边缘点放迎面火，扑灭火头和高强度火线后，再继续向前扑打，当遇到大弯曲度火线、锯齿形火线时，可在这些火线外侧铺设灭火索，引爆取直火线并点放迎面火。

（2）扑救树冠火

可利用灭火索拦截火头或扑灭火线，在实施拦截火头或扑灭火线时，可在火头或火线前方适当位置铺设灭火索进行爆破，炸出阻火线作为依托，再沿依托点放迎面火，烧除阻火线与火头之间的可燃物，实现拦截火头、扑灭火线的目的。在扑救时，可使用灭火索在火前方适当位置炸倒树木，开设隔离带，然后向隔离带内喷洒化学药剂或建立水泵喷灌带，增加隔离带内的阻燃性和水分，达到阻隔树冠火的目的。

7.9.4　灭火索的注意事项

在实施森林灭火索开设阻火线时，要注意工作人员安全，起爆前疏散有关人员，确保所有消防队员在安全距离之外才引爆。

7.10　无人机

无人机通过搭载高清摄像监控系统、红外紫外等多光谱传感器设备，可以在森林火情发生时第一时间飞往火场并进行现场勘查。无人机的机载卫星通信设备完成超视距无人机遥控遥测通信，提升无人机的飞行作业半径。实现火灾现场的图像实时回传到指挥中心，同时建立指挥中心和前沿指控站的语音通信，实现远程沟通和指挥。有可搭载水进行飞行的无人机和可利用声波灭火的飞碟状无人机。

7.10.1　Firesound 无人机

Firesound 无人机是一款外形类似于飞碟的无人机，它由 Imaginactive 的创始人 Charles Bombardier 设计，该无人机采用氢燃料电池驱动，还具有 4 个电动旋翼。Firesound 无人机的原型机已经诞生，所谓概念性的创新在于该无人机的灭火方式：它将利用声波消除一些小型的火情。据 Physics World 报道，Bombardier 希望通过同无人机科技行业合作，在灭火器上有所突破：希望能够通过声波将可燃物与氧气隔离，从而消除一些火势不大的火情，例如公园中无人照看的营火。研究员们发现低音频率在 30~60 Hz 之间的声波能够产生最适合于灭火的能量。诚然利用声波灭火的科技才刚刚开始起步，但是该技术将得到发展与改进，与此同时无人机科技也将得到长足的进步。

目前，先进的无人机技术为世界各地的消防部门都带来了好处。韩国科技高级研究院在 2017 年还宣布了防火航空机器系统（FAROS）。无人机不仅可以检测林区火情和摩天大楼里的火苗，还可以在火势汹汹的森林火场和大楼里进行搜索，并将实时数据传输给消防员，以供他们制定更为合理的灭火计划。无人机还可以承受超过 1832 ℉ 的高温。2017 年 10 月，马萨诸塞州的奥林大学宣布同麻省理工学院以及无人机企业 Scientific Systems 合作开发一款可自动飞行的无人机。该无人机可以搜集飞行时的实时数据，并将信息传输给消防员们，从而更好地抗击危险的野火。数据将帮助专家以及消防员们了解火情将如何发展，制订灭火方案，从而对地面消防人员进行工作部署（图 7-13）。

(a)　　　　　　　　　　　　　　(b)

图 7-13　无人机灭火

7.10.2 CW-20 大鹏无人机

CW-20 大鹏无人机是全国首款完全自主研发的垂直起降无人机。克服了固定翼飞机起降困难，使用门槛很高的难题，是一款改变工业无人机行业的无人机；从飞行控制到航电系统和机体都是纵横自主研发，拥有无人机悬停转平飞、平飞转悬停等核心技术的全部知识产权；全自主起飞，全自动降落，起飞降落只需点击鼠标，操作非常简单(图7-14、表7-6)。

图 7-14　纵横无人机 CW-20 大鹏

表 7-6　CW-20 大鹏无人机主要技术参数

参数	技术指标	参数	技术指标
翼展	3.2 m	环境温度	-20~60℃
最大起飞重量	24 kg	工作湿度	95%
载荷	2~3 kg	抗风能力	6 级
起降方式	垂直起降	升限	4000 m
巡航速度	90 km/h	控制方式	全自主起降，全自主飞行
续航时间	4h		

(1)巡线类拍摄

飞行高度100~200 m，对目标地区及周边区域拍摄图像，并传回地面基站，方便决策者实施方案。

(2)区域森林火灾巡查

无人机搭载可见光摄像设备，可完成对区域森林火灾进行火情侦察。

7.11　其他重型灭火机具

7.11.1　飞机灭火

国外先进灭火技术主要有机械地面灭火、化学灭火、空中飞机灭火、无人机灭火以及人工降雨灭火，还有较为先进灭火理念的爆炸灭火等。机械灭火与化学灭火方面，美国、日本、加拿大、俄罗斯等发达国家运用各类消防车、拖拉机和手持式灭火工具，利用水、灭火剂直接灭火，由于受地理环境限制，为灭火开设防火线，灭火成本较高。高空灭火是国际广泛应用的灭火方法，也是森林防火技术的研究方向，人工降雨灭火在扑灭大面积森林火灾效果显著，美国、俄罗斯等国家运用广泛。民用飞机、无人机灭火发展也十分迅速，其中美国、加拿大、俄罗斯、中国在航空消防领域技术发达，处于领先水平：美国农业部有 100 多架飞机专用于森林防火；加拿大每年投入超过 300 架飞机用于森林消防，其中型号为 CL415 水陆两栖森林防火飞机载水量达到 6 t；俄罗斯有 640 多架飞机用于防范森林火灾，其研制的米 – 26TC 大型森林消防直升机，可运送 82 名救火人员，载水量和载人数都是世界第一。

在 2016 年珠海第十一届中国国际航空航天展览会上，共计展出各类机型约 107 种，其中用于森林防火的机型共有 10 余种，森林防火主要机型有 M – 171 直升机、Bell – 407 和 Bell – 412 直升机、Y – 12 固定翼飞机、AG-600 固定翼飞机（图 7-15）、小鹰 – 500 固定翼飞机（图 7-16）等。在本次展示中，AG-600 固定翼飞机进行了静态展示，小鹰 – 500 固定翼飞机进行了空中飞行表演。

 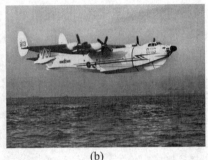

(a)　　　　　　　　　　　(b)

图 7-15　大型水陆两栖洒水灭火飞机 AG-600

（1）AG-600

大型水陆两栖飞机 AG-600 是中国首次研制的大型特种用途民用飞机，也是国家应急救援体系建设急需的重大航空装备。在森林灭火作业中，AG-600 相比于直升机，不仅单次投水量大、飞行速度快，还能就近降落快速汲水，从而提高灭火效率。AG-600 可以在 20 s 内一次汲水 12 t，单次投水救火面积可达 4000 m^2。除了像普通飞机在陆上起降外，还可在任何江河湖泊（长 1500 m、宽 200 m、深 2.5 m）等水域，它都能"说走就走"。AG-600 主要性能指标见表 7-7。

表 7-7　AG-600 主要性能指标

参　数	性能指标
动力系统	机翼前缘安装 4 台单船身四发 WJ6 涡轮螺旋桨发动机
最低稳定飞行高度	50 m
起降抗浪高度	2.8 m
最大平飞速度	500 km/h

（续）

参　数	性能指标
最大起飞重量	53.5 t
最大航程	4500 km
汲水	20 s 内 12 t
投水高度	（相对树梢）30～50m
最大航时	12 h
陆上跑道	机场长度不小于 1800 m、宽度不小于 35 m
水域起降	长 1500 m、宽 200 m、深 2.5 m

（2）小鹰-500

小鹰-500 轻型多用途飞机凭借优越的飞行性能，被誉为"空中奔驰"，是我国第一架按照中国民航适航条例设计生产、拥有自主知识产权的轻型多用途飞机，其综合性能达到或接近国外同类机型先进水平，填补了我国通用航空在 4～5 座轻型多用途飞机上的空白（图 7-16）。飞机的起飞距离短，能在机场、公路上安全起降，可广泛用于飞行训练、公务飞行、农林作业、空中救护、空中摄影、测量制图、商业运输、体育运动、旅游、环保、勘探等，其综合性能达到了国外同类飞机的先进水平。

(a)　　　　　　　　　　　　　　　　(b)

图 7-16　小鹰-500 固定翼飞机

我国森林面积广阔，且这些地域人烟稀少，近年自然原因导致的森林火灾等自然灾害频发；我国拥有漫长的海岸线，尤其是南海海域南沙群岛诸多岛礁距离海岸遥远。因此，我们需要具备强大自然灾害预警、处置和远海水上救援能力的大飞机。

相比直升机，它的起降条件更低，不容易受恶劣天气的影响，因此，更容易胜任任务。相比消防直升机，水陆两栖飞机航程远、速度快、载重量大，可以以更快地赶到更远的火场，并能持续进行取水—灭火—再取水的作业，效率远高于直升机。

（3）米-171

米-171 直升机是俄罗斯米里设计局设计、俄罗斯乌兰航空生产联合公司生产的直升机，为著名的米-8T 和米-17 的现代化改进型，性能和可靠性比米-8T 和米-17 有显著提高。新机于 1988 年开始研制，1991 年开始生产。之后又发展了多种型号，其中最为关注的是 1993 年研制成功的米-171SH 武装运输直升机，该机将运输直升机和武装直升机完美结合, 于 2000 年开始量产。从 20 世纪 90 年代开始, 米 – 171 系列直升机大量出口到中东、东南亚、中亚、非洲、欧洲和南美国家。目前, 已有 400 多架米 – 171 家族直升机在各国服役。表 7-8 为西南航空森林消防常用飞机的主要性能指标。

表 7-8　西南航空森林消防常用飞机的主要性能指标

主要性能指标	固定翼飞机				直升飞机	
	运 – 5	运 – 12	赛斯纳	夏　延	米 – 8T	米 – 171
机长(m)	12.688	14.86	8.21	13.23	25.35	25.35
机高(m)	5.35	5.675	2.72	4.5	5.65	5.65
翼展或旋翼直径(m)	18.176	17.235	11.01	14.53	21.288	21.288
最大起飞重量(kg)	5250	5500	1112.3	5080	12 000	13 000
最大商务载量(kg)	1490	1700	389.1	450	4000	4000
载客量(人)	12	17	2	6	28	26
最大速度(km/h)	256	292	302	460	250	250
巡航速度(km/h)	180	200~250	239	364	230	230
实用升限(m)	4500	7000	4117.5	10050	4500	6000
最大航程(km)	1560	1340	1272	1610	930	1105
续航时间(h)	10:06	5:20	6:36	3:30	4:20	4:20
要求跑道长度(m)	500×25	600×30	288×30	447×30	60×40	60×40
小时耗油量(kg)	112.5	220	35	300	600	650

7.11.2　其他装备灭火

（1）SXD09 多功能履带式森林消防车

SXD09 多功能履带式森林消防车是湖南江麓机电科技(集团)有限公司在对我国南北森林地区的地形地貌、森林火情、灭火理念和方法以及现有的森林消防装备进行充分调查研究的基础上研制而成的森林专用消防车, 该车采用了军用履带装甲车辆的技术和成熟可靠的零部件, 具有全道路通过能力和水上浮渡功能、快速的机动性能、强大的运载能力、破障开路能力、救援牵引能力, 具备多种森林灭火装置和手段, 水灭火消防装置为基本配置, 还可根据灭火作业的需要在车上临时安装推土铲、耕翻犁、灭火弹等装置(图 7-17)。

(a)

(b)

图 7-17　SXD09 多功能履带式森林消防车

（2）赛速 NA－140 消防车（图 7-18）

①芬兰引进全道路；

②奔驰引擎；

③全道路，水陆两用，当水深达 1.5 m 就漂在水面上。可运兵与消防，可过沟、坎、沼泽等；

④爬坡 35°侧斜 25°，我国配有 26 台；

⑤速度 60 km/h；

⑥最大行程 500 km。

图 7-18　NA－140 消防车

（3）531 消防车和 804 消防车（图 7-19）

这两种类型的消防车特点如下：

①北京 618；

②爬坡 35°，侧斜 25°；

③804 消防车是在 531 的基础上改装的；

④履带加宽；

⑤方向盘；

⑥驾驶舱在外面，视野好；

⑦配有水泵。

(a)　　　　　　　　　　　　(b)

图 7-19　531 消防车和 804 消防车

BFc804 型履带式森林消防车是一种适合于在林区各种复杂地形条件下进行森林防火灭火、运输消防人员、器械和物资的专用车辆,其主要特点是:越野通过能力强,行驶速度快,能在水上浮渡,履带宽,可通过沼泽地带,车体坚固耐冲击,方向盘式液压助力操纵机构使得操作更灵活,发动机采用四冲程八缸增压风冷柴油,功率大,寿命长,特别适合于高温高寒地区使用。灭火能力强,由 1 个水箱、2 台水泵和 3 支喷枪等组成的消防系统既可喷水也可喷洒化学灭火剂。该车全重 14.5 t,乘员 9 人,最大速度 50 km/h,最大行程 400 km,最大上坡度 32°,最大侧倾斜坡度 25°,越壕宽 2.2 m,通过崖壁高 6 m,发动机最大功率 320 马力,载水量 1.5 t,水泵功率 5 马力,喷水射程 25 m。

7.11.3　其他新型森林消防特种车辆

由浙江西贝虎特种车辆股份有限公司研制而成的 XBH8×8−2C 柴油车适合用于多种地形森林消防。8×8 全驱动、差速制动转向、无级变速、32°爬坡、360°原地转向、1 m 壕沟横跨、±40℃气温作业、全密封高强度车体,适用于全地形(如沼泽、沙滩等);内河、湖泊等平静水面(四级水域);山丘、雪地、森林、沙漠等,主要用于抢险救灾等(表 7-9、图 7-20)。

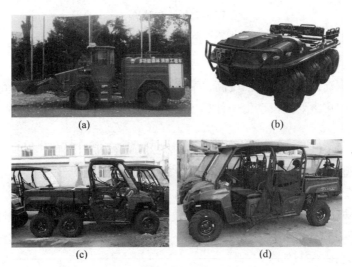

(a)　　　　　　　　　(b)

(c)　　　　　　　　　(d)

图 7-20　森林消防特种车辆

表 7-9　六驱西贝虎四驱西贝虎车辆主要参数

参　数	主要指标	参　数	主要指标
最小离地间隙	180 mm	驱动形式	陆地:全轮驱动,水上:全轮驱动或舷外机驱动
整车整备质量	750 kg	最高车速	陆地:35 km/h,水上:5 km/h(轮胎划水)~12 km/h(15HP 舷外机)
最小离地间隙	180 mm	最小转弯半径	0.71 m
整车装备质量	750 kg	最大爬坡角	32°
额定载重	陆地:500 kg(或 6 人),水上:300 kg(或 4 人)		

7.12 防护类物品

（1）扑火头盔

适用于消防队工作与防火现场用以保护重物对头部的冲击。配有面罩、防火、防尘对面部的伤害。头盔四周加有披肩，与扑火服连成一体，对扑火队员起到整体保护[图7-21(a)]。

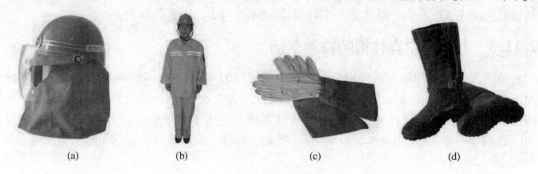

图7-21 滑防防护

(a)扑火头盔 (b)耐洗扑火服 (c)扑火手套 (d)扑火靴

（2）耐洗扑火服

采用2合股纯棉帆布制作，强度高，吸水、透气性好。选用橘黄色，配有醒目的夜光材料。经过特殊的化学处理，产生一种长久的耐火焰涂层[图7-21(b)]。

（3）扑火手套

手掌处采用纯皮制作，耐磨性强。上部加有25 cm纯棉阻燃腰，保护手部、小臂等部位。手背由棉布制作，增加舒适性和透气性[图7-21(c)]。

（4）扑火靴

靴底前后部模压铸成相对称的防滑网。靴底部采用65#钢板，防穿刺性好。靴帮、靴面采用防水面料、兼有透气性。靴帮高300 mm，既可保暖又可防止沙尘进入。抗曲折，弯折100°不变形[图7-21(d)]。

（5）逃生罩

逃生罩用于扑火队员在火场紧急情况逃生，当扑火队员处于险境，没有逃生路线时可以使用短暂逃生[(图7-22)。

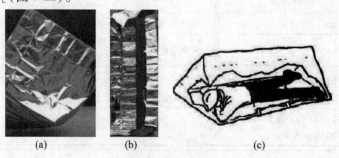

图7-22 逃生罩

①通过避火罩，消防人员能够呼吸到满足生命活动的新鲜而清洁的空气。

②具有耐高温、反热辐射以及对阻止易燃物燃烧的功能。此外，避火罩还具有质量轻、体积小、携带方便、耐高温、阻燃以及防反热辐射等功能，在森林防火中有着非常重要的作用，能在很大程度上保证消防人员的人身安全。

（6）指挥帐篷（hlzh - 1）

规格为 4 m ×3 m ×2.5 m ×1.6 m，布料为尼龙帆布，铁支架制成。稳定性好，防雨性强。适合野外施工，救灾等用（图 7-23）。

图 7-23　指挥帐篷

思考题

1. 风力灭火机的扑火原理及使用方法。
2. 简述二号工具扑火时的注意事项。
3. 简述灭火弹的使用方法与注意事项。
4. 简述灭火水枪的使用方法与注意事项。

第 8 章

林火调查方法与技术

　　林火的发生与发展不仅受森林可燃物、火源和火环境条件等自然因素的影响，而且受森林经营、林火管理水平等人为因素的影响。林火调查与统计就是要了解和掌握林火发生发展的特点、后果和影响，了解在一定时间、地点、原因、条件下的一些统计量的相互关系，对实现森林火灾防御，准确评价林火的生态效应，有效控制和利用林火等都有着十分重要的现实意义和积极作用。其积极作用和现实意义主要表现在如下几个方面：

　　（1）为林业建设、森林资源保护以及林火管理提供本底资料

　　通过林火调查与统计可掌握并弄清研究区域林火和森林火灾的现状、发生原因、发生规律和特点、造成的后果等，掌握林火对森林资源消长的影响，对森林生态系统的影响，为森林防火规划、森林资源保护规划、林业建设规划、森林资源的可持续经营等提供真实可靠的本底资料。

　　（2）为森林火灾防御提供切实可行的措施

　　森林火灾是森林的大敌，联合国已经将大面积森林火灾列为世界上八大自然灾害之一。虽然近代森林火灾绝大部分是由于人为火源引起的，但这并不能改变森林火灾的自然属性。因为用火不慎所提供的火源条件，只有遇到适宜于森林火灾发生的可燃物和火环境条件，才会引起森林火灾，只能说森林火灾是受人为影响较大的一种自然灾害。因此，虽然完全杜绝森林火灾是不可能的，但是有效地防御森林火灾是必要的，也是可行的。林火调查与统计就是要对森林火灾发生的原因、时间、地点、次数、燃烧面积和造成的损失等信息进行采集，通过一定的方法和手段对森林火灾的影响因素、危害机制、危害特点、造成的后果和损失等进行全面、系统地分析，为降低森林火灾的损失和发生率服务，为制定有效的森林火灾防御措施提供针对性的依据。

　　（3）为森林火灾扑救和森林消防队伍建设提供素材和经验

　　当今世界上森林火灾扑救的原则是把保护人的生命安全放在首位，其次才是考虑扑灭森林火灾，保护森林资源和自然资源。我国也适时地提出了"以人为本"的森林火灾扑救原

则，但由于诸多原因，这一原则的贯彻落实还不到位。自 1949 年至 2001 年，我国森林火灾事故中共烧死烧伤约 3.3 万人，仅 2004 年 1 月至 2 月中旬，全国因森林火灾死亡的 53 人中，除 8 名肇事者外，牺牲的都是参加扑救森林火灾的乡镇干部和村民，2017 年清明节前后国内就有 11 人因森林火灾牺牲。可见我们的森林火灾扑救及森林消防队伍建设及培训还不够。森林资源是可再生的，人的生命是不可再生的，是最宝贵的。因此，通过对林火，特别是森林火灾的详细调查与统计，能够向森林防火部门提供详细的第一手资料。从采集到的森林火灾扑救工作的各种情况和数据中，全面分析森林火灾扑救过程及战斗状况，分析出影响扑救的有利和不利的因素，总结出每次森林火灾扑救的经验和教训。为今后制订森林火灾扑救方案，以及森林消防队伍建设提供可借鉴的经验。

（4）为依法追究森林火灾事故责任者提供事实依据

造成森林火灾事故的原因是多方面的，既有自然原因，也有人为原因，但其中以人为因素占绝对主导地位。造成森林火灾事故的人为因素形形色色，千差万别，既有用火不慎、不懂野火特性等造成的跑火，又有人为的故意纵火。不论是什么原因造成的森林火灾事故，都应该查明原因，让森林火灾责任者承担相应的责任，赔偿相应的经济损失；使森林火灾案件的肇事者受到应得的惩处，承担相应的法律责任，及时而有力地打击纵火罪犯，维护社会治安，保护森林资源和人民群众的生命财产安全；同时可以使群众受到启发和教育，使"预防和扑救森林火灾，保护森林资源，是每个公民应尽的义务"这一法律条文得到真正的贯彻落实。

（5）为森林消防科研工作提供数据和资料

林火调查与统计不仅要调查森林火灾，而且对一般的林火发生机制、发生发展、扑救、产生的后果和影响，以及林火转变为森林火灾的条件和机理等各方面进行全面调查统计与分析。通过这些调查统计资料，为制定森林消防科技发展规划，确定森林消防科研课题提供有用的数据和资料，为提高森林消防科技水平提供保障。

（6）为维护森林生态系统和谐，实现森林资源的可持续发展提供服务

林火是一把"双刃剑"，通过对林火这个重要生态因子的调查与统计，可以积累正反两方面的资料，从中找出问题的症结，采取针对性措施。维护森林生态系统和谐，实现森林资源的可持续发展需要有关部门制定出精确的、时效性强的中长期对策。要求有关部门从林火的二重性出发，合理利用林火的有益生态效应，控制和防范森林火灾的灾害属性，减少森林火灾的发生率，降低森林火灾的损失率。通过林火调查与统计，真正做到防森林火灾之害，兴林火之利。

8.1　林火调查方案设计

林火的发生与发展不仅受森林可燃物、火源、火环境条件等因素的影响，而且受森林经营、林火管理等人为因素的影响。林火调查的目的就是要了解林火发生发展的规律、特点及影响后果，为森林火灾预防、森林火灾扑救、森林火灾灾后评价及控制林火等都有着非常重要的理论与实践意义。因此，林火调查之前设计好调查方案尤为重要。林火调查方

案是一种指导林火调查统计活动的规范性计划和纲领性文件，是完善调查统计方法、技术体系，对调查研究过程进行有效管理的科学措施。

8.1.1 林火调查统计方案设计基本原则

（1）科学性与准确性原则

林火调查统计方案的设计、必须以与调查对象有关的社会科学、自然科学以及数学理论为依据，使指标的内涵、计算的规定符合科学要求，使指标的定量或定性描述建立在科学、准确的基础上，要保证调查统计资料的准确性，必须在设计方案时如下规定：第一，要减少资料采集及调查的错误；第二，要防止使用不恰当的整理、分析方法。

（2）时效性原则

林火调查统计方案的设计，要考虑火后的发展变化及影响后果，这种变化对林火调查统计的时效性要求较高。例如，森林火灾后，调查地表死可燃物燃烧的深度及起火原因，如果在大雨过后才去调查，现场就可能被破坏，找不到真正原因。

（3）调查统计指标的可比性、统一性原则

设计的调查指标不仅要考虑该次林火调查的需要，还要考虑同全国甚至国际上的统一，为此，设计中要明确提出不同时间、不同空间的指标换算方法，特别是单位的可比性要尽量采用国际标准单位。只有使用全行业、全国甚至国际通用的标准化的指标、单位、方法和技术手段，所得到的调查统计数据才具有横向和纵向比较价值。

（4）操作性、可行性和经济性原则

可操作性和可行性是指设计出的调查方案须具有实施的主、客观条件，主观条件即开展此项调查统计的资源保证；客观条件即按设计方案开展调查统计工作，确保能够获取必需的统计资料，达到调查目的。其次，在完成所有调查方案过程中尽可能地减少人力、物力和财力浪费。

8.1.2 林火调查统计的主要内容

林火调查统计方案通常包括如下几个方面的内容：

8.1.2.1 明确调查统计目标

任何调查统计设计首先都要明确调查目标，对于提供给林火管理部门用于决策的建议咨询型调查统计方案或用于对火灾肇事者的处罚依据而言，则需要根据火场的特定现场拟订调查统计方案。调查目标的来源主要有如下几个方面：

第一，来源于特定的季节或节日，例如清明节前后森林火灾发生率历年来居高不下，某地森林防火部门就有可能邀请有关调查人员对此进行调查。调查的目的就是要找出上坟烧纸烧香的发生与清明节森林火灾发生率之间的关系。

第二，一项调查表的目标也可以通过查阅文献和其他资料确定，系统地查阅相关文献可以帮助调查者了解目前人们对某领域研究的进展，从现有的数据资料中去归纳和判断，进而确定自己的调查目标。

第三，一项调查表的目标也可能来自于专家或上级主管部门，专家是对该调查领域有深入了解，掌握丰富专业知识和经验的人；上级主管部门通常对整个领域有较全面的了解。

确定的调查目标是否明确，关键在于所确定的目标是否可测量。例如，某项调查的目标是为了弄清一场森林火灾中的"林木损失"，可以分别用烧毁木、烧死木、烧伤木的株数、蓄积量等指标表示，而株数、蓄积量是可以测定的。然而，某些定性指标也是可以测量的，如调查风向对林火蔓延的影响，可以通过调查某地某季节的主风向是"东、南、西、北、东北、东南、西南、西北"等来实现。

8.1.2.2　确定指标体系、分类目录

从一定意义上讲，作为一个独立的工作阶段，调查统计方案设计的最主要任务就是指标体系设计，无论是大范围调查还是小范围调查设计，不论是新调查方案，或是调查方案改进设计，指标体系的设计总是最主要的问题。林火造成的林木损失和财产经济损失不做明确划分，就不能客观公正地评价林火的影响及效应。

8.1.2.3　制订调查方案

(1)设计者应明确调查统计的特性及一般过程

调查统计方案设计就是根据调查统计目的的需要和调查统计对象的特点，对整个工作的各个方面及全部过程，预先作出的通盘考虑和适当安排。例如，林火发生的时间、地点、原因和条件，林火蔓延、林火强度、火烧面积、受害面积、林木损失、生态损失、生态效应、经济损失、扑火投入、扑火的经验教训等。

所谓全部过程是指调查统计工作的各个环节或阶段。从调查统计指标体系的建立，林火资料的采集、整理和分析，到林火调查统计资料的上报、发布或保管等各个环节和阶段。

调查统计方案的设计对整个调查统计工作，起着两方面的重要作用：

①它是调查统计工作由定性认识向定量认识的过渡　调查统计工作的开始阶段，主要是做一些准备工作，包括踏查在内，对调查研究对象的认识是定性的，对总体的情况只是一个概括的认识和了解。进入到方案设计环节，则是在总结踏查等准备工作的成果，通过制定具体的指标，确定具体的方法和手段，对总体进行全面考虑，为取得资料并开展定量调查研究做出计划安排。

②它对调查统计工作起通盘安排的作用　在方案设计过程中，根据研究的需要与可能，对各种不同的局部设计或总体设计进行评价、比较，最终拟出一套科学、合理的方案。以这一方案指导并制约调查统计工作全过程，就能协调同时进行的各项工作或活动，衔接不同阶段的工作或活动，减少或避免重复和遗漏，使整个统计工作井然有序地顺利进行。

(2)对调查对象有初步了解

设计调查统计方案之前的准备阶段的各项工作，最主要的目的就是为了使设计方案的人员对调查对象有一个初步的了解。只有对调查对象有一个基本了解，设计出来的方案才能做到有的放矢，才是切实可行的方案。

(3)了解基本调查统计方式、方法

设计调查统计实施过程中搜集资料的途径，具体的调查统计方式，使用的野外调查方法，确定调查统计的详细内容和设计各式各样的调查表，这是调查统计方案设计的核心内

容，关系到整个调查统计工作的成败。

（4）制订整理方案

调查所得到的原始资料（或称初级资料）是零乱的、不系统的，原始资料并不能直接反映调查对象所包含的规律，此时需要对原始资料进行汇总性整理，即要制订一个原始资料的整理方案或称汇总方案。

设计汇总方案，要作出两方面的规定：一是对利用样本（原始资料）估计总体的处理方法做出规定；二是对估计（推断）总体的指标进行选择。

①汇总方案通常有 3 种处理

a. 总体按照某种标准进行分组、分层或分类；

b. 对总体各单元、标志、指标进行排序；

c. 求总体各单元有关数量标志值的平均、合计等。

②汇总方案中有时需要对总体的指标作如下处理

a. 对调查中某几个指标值进行相加或综合，形成某一种或几种反映总体特征的新指标。例如，在对标准地调查中的"胸径"和"树高"进行汇总整理时，除了把"胸径"和"树高"这两个栏目汇总到一起外，通常在这两栏后新增一个"材积"栏目，材积便是胸径和树高这两个指标综合形成的一个新指标。

b. 根据今后分析的需要，选择部分单元的标志值进行加总，形成一套新的空白的汇总表，并对新汇总表的分类、分组等作出说明。例如，如果某林业局将要对某火烧迹地的烧死木进行清理，我们为了提供这方面的数据，在对该火烧迹地调查资料进行整理时，就需要在原始数据中把烧死木的株数、胸径、树高、年龄、材积以及它们在各个林班、小班的分布等指标值重新分类、分组、汇总到一套新的表格中。

③对原始资料的整理是一种再加工活动，并不是简单地抄写或摘录。

原始资料的整理方案设计要解决 2 个问题：

a. 提出甄别、评价原始资料的标准或准则，以决定取舍。例如，在标准地调查的每木检尺记录中，可能会有断头的树木、倒木等情况出现，在原始资料整理时，就应该把它们从烧死木的数量中剔除，当然这些林木的材积也不能算作烧死木的蓄积量。

b. 根据分析的需要，提出重新加工、改造原始资料的方法。例如，在林火效应调查中，林下植被恢复情况的调查中，原始记录可能是分别小样方记录的，但为了分析林火过后林下植被的种类、多度、均匀度、覆盖率等特征，就要重新按照这些新拟订的指标对各个小样方的原始记录重新进行整理、分类、计算。

（5）制订分析方案

设计调查统计的分析方案，主要是根据研究目的和已搜集、整理好的资料，选定深入分析的内容，使用适宜的统计分析方法，找出隐藏在零乱的原始数据背后的规律，找出拟解决问题之间的相互联系。特别是咨询型和研究型调查统计方案尤其需要精心设计分析方案。

（6）安排各阶段工作进度、资源配置

为了使工作更有计划性，在方案的设计中应绘制一个"工作进度图"，明确规定上述各阶段工作的起止时间。制订各阶段人力、物力资源的配置方案，保证调查统计力量有足够的配备和灵活的调度。

8.2 火灾原因调查

8.2.1 森林火灾原因调查步骤

森林火灾案件调查首先要弄清起火原因，现场勘查分析判断火源，根据起火原因侦破森林火灾案件。一般起火原因调查按如下步骤进行：

①起火原因调查应随第一批扑火队员到火灾现场，带好调查必备工具，如笔记本、照相机、皮尺、GPS、指南针、地形图等。

②做好起火原因现场勘查及调查笔录，包括起火时间、报警人身份、气象、可燃物、可疑人员等。

③用排除法确定起火原因：例如，火灾区没有出现雷电，就可排除雷击火；没有行人，就可排除人为吸烟起火；没有坟墓就可排除上坟烧纸烧香起火等。

8.2.2 森林火灾原因调查方法

（1）根据火行为和林火原理确定起火点

森林火灾开始缓慢燃烧，然后快速蔓延，蔓延速度受风速和地形影响很大，若为无风条件下，火场发展呈圆形或椭圆形，起火点位于火烧迹地中间；林火初发阶段火强度小，起火点周围燃烧不彻底，会留下许多未被燃烧的可燃物。当火灾发展到一定程度时，因风速、坡度、可燃物类型及载量的影响，火行为（如蔓延速度、火强度等）发生变化，这些变化也可在地面留下明显的燃烧痕迹，可根据这些痕迹进行起火点定位。

（2）根据林火蔓延方向确定起火点

根据草本植物碳化物的方向确定，一般过火后杂草被火烧断，使草梗都向火来的方向伏倒，在低强度火、燃烧速度慢时，一般只烧毁一簇杂草的一侧，被烧的一侧便是火蔓延的方向；根据被火烧的灌木枝条弯曲方向确定，活灌木枝条被烧时变软，向顺风方向弯曲；根据火烧迹地裸露岩石上的痕迹确定，一般迎火一面痕迹重，背火一面痕迹轻；根据倒木和伐桩的"疤痕"来确定，过火后倒木和伐桩一侧被烧，留下"鱼鳞疤"，则被烧的一侧为火来的方向；根据树干熏黑痕迹确定，上山地表火，如顺风火，树基所留火疤痕其上部斜线的角度比山坡的坡度大，而下山地表火，树基所留火疤痕其上部斜线的角度与山坡的坡度差异很小。

8.2.3 林火燃烧痕迹与残留物特征

林火的起火原因调查不仅是林火调查与统计的重要组成部分，而且是森林火灾调查的核心内容。因为查明起火原因不仅有利于人们了解林火发生发展的规律，以便提高防御森林火灾的能力，而且它还肩负着查明森林火灾事故的原因和性质，以便依法对森林火灾责任者或者犯罪分子处理或定案。

森林火灾发生后，查找火源，判断火场的起火地点，是森林火灾案件查处的关键。一些森林火灾案件得不到查处，很多情况下就是没能正确地判断火场的起火地点，没有查找到火源。有些发生在省、市、县以及乡、镇、村边界地带的森林火灾，因不能正确地判断火场的起火点，常引起争议，甚至引起纠纷或诉讼，严重地干扰了各级政府的正常工作和社会治安。

森林火灾发生后，原始现场往往因扑救遭到破坏，怎样判断火场的起火地点，是一项技术性极强的工作，也是十分艰苦和复杂的工作。必须科学、实事求是地作出判断，不能凭想象推测，否则将作出错误的判断。要科学地作出判断，必须了解林火发生规律，了解林火燃烧后残留的痕迹和残留物的特征，并掌握正确的调查技术和方法。

从某种意义上讲，林火燃烧痕迹与残留物特征是大自然这架"摄录机"录制下来的最真实的火场场景，不论原始场景是否遭到破坏，它都会为我们留下许多有用的信息，只要认真查找，准确地理解和把握林火燃烧痕迹和残留物特征，技术人员就能较真实地"再现"火场的概貌，就能准确快速地了解起火的原因。

8.2.3.1 地表可燃物的燃烧程度

对于同一种类的森林可燃物而言，可以假设局部区域的火环境条件基本一致。在这种假设前提下，地表可燃物的燃烧程度大小，或者说地表可燃物消耗量的多寡，主要取决于林火的驻留时间，即林火在此处持续燃烧的时间(简称延烧时间)。

林火在某一个地方延烧的时间越长，地表可燃物被烧得就越彻底，消耗量就越大，燃烧的程度越重；如果林火的蔓延速度很快，仅仅是一扫而过(延烧时间很短)，过火区域的地表可燃物可能仅仅是最上层的一小部分细小可燃物被烧掉，甚至会出现较高的"花脸率"。所以，通常可以通过勘察地表可燃物的燃烧程度，特别是同相邻区域地表可燃物燃烧程度的比较，来分析、判断、推测林火经过某区域时的蔓延情况。

(1)蔓延速度与燃烧程度

通常，蔓延速度的大小顺序是：火头 > 火翼 > 火尾；顺风火 > 侧风火 > 逆风火；上山火 > 下山火。

同等条件下，地表可燃物的烧损程度、"花脸率"与蔓延速度的排序相反，即

火头 < 火翼 < 火尾；顺风火 < 侧风火 < 逆风火；上山火 < 下山火。

(2)地形与燃烧程度

地形主要是通过坡度、坡向、坡位以及地形风对林火蔓延速度产生影响，进而影响燃烧程度。

①坡度对火蔓延的影响　坡度主要从影响地表可燃物积存的数量、可燃物含水量以及林火蔓延过程中热量的再分配等方面影响林火的蔓延，进而影响燃烧程度。

坡度越陡，土壤越干燥、瘠薄，植被生长差，地表可燃物积存的数量越少，枯枝落叶层中细小可燃物所占的比例越高，地表植被特别是死地被物越难以吸附水分，地表可燃物的含水率就越低，因此容易燃烧。更为重要的是，坡度越陡，热对流和热辐射会沿着坡面平行的方向形成辐合向前的热流，再加上上山风加速了这股热流的传播，使火头前方的可燃物迅速被烘干或者直接被点燃。下山火则相反。

据推算，坡度每增加5°，相当于风力增加1级。即在无风条件下，坡度5°相当于风力1级，10°相当于2级风力，15°相当于3级。一般认为坡度每增加10°，林火蔓延速度会增加1倍。如果平地火蔓延速度为 5 m/min，那么，在10°坡地上火蔓延速度为 10 m/min；20°坡地上火蔓延速度为 20 m/min，30°坡地上火蔓延速度为 40 m/min，40°坡地上火蔓延

速度为 80 m/min。但是，这只是理想化的推断，实际上并非如此。

根据日本小村忠一的实验(1991 年)，上山火蔓延速度与平地火相比，25°坡为 2.2 倍，35°坡时为 7.1 倍，45°坡时为 26.7 倍。下山火仅为上山火的速度的 1/3～1/40。

所以，坡度在 35°以上的坡地，上山火蔓延速度极快，在与森林防火有关的地形图、林火分布图等图上，应标出这些地区，在做防火、扑火预案时要给予特殊的关注。

随着坡度的增加，上山火速度加快，但火对树木的损害程度则逐渐降低。据中国林业科学研究院在四川林区调查材料，如火灾后在不同坡度林木死亡率统计见表 8-1。

表 8-1　火灾后在不同坡度林木死亡率统计表

坡　度(°)	15	25	35	45
林木死亡率(%)	46.4	31.4	15	4.2

②坡向对火蔓延的影响　坡向不同，接受阳光的照射不同，温湿度、土壤和植被都有差异，影响火灾的蔓延速度。一般是南坡的温度高于北坡，西坡高于东坡，西南坡高于东北坡。尤以西南坡接受的阳光时间长，温度最高，湿度最低，土壤和植被较干燥，容易发生火灾，火灾发生后蔓延速度较快。

③坡位对火蔓延速度的影响　白天，山谷和山坡上接受太阳辐射量的面积比山顶大，单位体积空气吸收的热量多，升温快，山顶上空气与四周大气的热交换较通畅，所以，山谷和山坡上的气温比山顶高。

夜间，尤以山谷的辐射冷却快，加上山顶和山坡上冷空气的下沉，使山谷成为"冷湖"；山顶由于有四周上层大气的热量补充，所以，温度下降不多，气温比山谷高；山坡中部，冷空气不易堆积，绝大部分都下沉到山谷，又有周围大气的热量补充，所以，在山坡中部夜间气温比山顶、山谷都高，成为山地的"暖带"。

坡位对火蔓延速度的影响，还不能完全按照上述温度分布特点进行分析，因为不同坡位上的可燃物类型、负荷量、含水率等因素的影响，特别是风向、风速的影响更大。

例如，白天发生在山顶的火，主要向山下蔓延形成下山火(逆风火)；发生在半山腰的火分上、下两个方向蔓延，既有上山火(顺风火)，也有下山火(逆风火)；发生在山脚的火，主要是上山火(顺风火)。它们各自的燃烧特征又可分别参考上山火和下山火的特征。

(3)植被类型与燃烧程度

植被类型的不同，林火的蔓延速度不同，大致可以归纳几个方面，不同植被类型与地表可燃物的燃烧程度见表 8-2。

表 8-2　不同植被类型与地表可燃物的燃烧程度

地表火	燃烧程度			备　注
	轻	中	重	
	草　地	灌木林	乔木林	灌丛除外
	稀疏乔木林	中密度乔林	乔木密林	
蔓延速度：快→慢	落叶阔叶林	针阔混交林	常绿针叶林	
	未郁闭乔木幼林	过熟乔木林	成熟乔木林	

除了植被类型不同，林火的蔓延速度不同，燃烧程度不同外，植被的分布格局也会影响林火的燃烧程度。植被的分布格局包括植被的水平分布和垂直分布。

植被的水平分布分连续和间断两大类型。连续状况有同类型植被的连续和不同类型植被的连续。在不同植被类型的林地，森林火灾蔓延的速度就有快有慢，燃烧的程度受植物的燃烧性、含水量等因素影响较大。例如，在初春，同样是地表可燃物，有早春植物分布的区域地表可燃物不易燃烧，"花脸率"高；没有早春植物分布的区域以死地被物为主，易燃烧，火强度可能较大；在秋末冬初，耐寒植物分布的区域地表火的烧损率较低。

水平植被间断又分大面积的间断和小面积的间断。大面积的间断可使火蔓延中断，阻火带利用的就是人为隔断可燃物的分布。小面积的间断是造成较高花脸率的主要原因之一。

植被的垂直分布是林火能否形成树冠火的关键因素。如果中幼林的枝条与地被物相隔很近或几乎相接，就很容易形成树冠火。如果成过熟林树干下部枯枝很多，树干及下部枯枝上有很多地衣、苔藓、蕨类、藤本等附生物、寄生物，也容易形成树干火和树冠火。如果草本植物层、灌木层、地上的倒木等杂乱物和乔木层很完整，虽然不容易发生林火，一旦火蔓延到这类林分中不能很快控制住的话，则很容易转变成树冠火，烧损率就可想而知了。

（4）常见火源与燃烧程度

森林着火的起因有自燃和着火两种，其中，自燃又有自热自燃和受热自燃两种。

①自热自燃　引起可燃物燃烧的热量是森林可燃物自身的热效应，所以又称为自热自燃。

例如，当森林枯枝落叶层堆积过厚时，由于其中的微生物呼吸繁殖过程中会不断产生热量，加上过分堆积的可燃物散热性很差，热量不断积累使可燃物达到自燃点而自行燃烧，就是典型的自热自燃。

自热自燃的特点是从可燃物的内部向外延烧，最初向四周蔓延的速度差不多，通常表现为地下火（暗火，无焰燃烧）。实践中，有些地表火转变为地下火不能称为是可燃物自燃，两者所留下的痕迹也是有区别的。真正的可燃物自燃引起的地下火，地表上层可燃物的烧损程度看似不很明显，黑色的燃烧痕迹不如明火（有焰燃烧）高，从地表上层向下，燃烧痕迹越来越明显。而由地表火转变成的地下火，自上而下燃烧的痕迹则是越来越轻。

自热自燃通常不会表现出明显的"点"状起火点，只有一定面积的可燃物堆积到一定的厚度，这种自身的热效应才能产生燃烧现象。

②受热自燃　由于外界热源的引入使可燃物温度升高至燃点而发生自行燃烧的现象，这是使森林着火最普遍的一种方式。

受热自燃与本身自燃相比较，两者被引燃过程中有两点不同：一是自热自燃将自身释放出的热量积聚在四周以使自身达到燃点，受热自燃则要从外部吸收热量使自身达到燃点；二是本身自燃从一开始就是从内向外蔓延，而受热自燃最初是从可燃物的外部向内延烧，自身被引燃后所释放的多余的热量才供给四周的可燃物，开始由内向外蔓延。

受热自燃的热源差异较大，但最常见的是随手丢弃的烟头、火柴梗、野外用火中飞落到草丛中的火星、篝火的余烬、燃着的香、隐藏着暗火的鞭炮、导火索等残屑、火山爆发、山坡滚石碰撞产生火花、刮风引起树枝摩擦发热、射击和爆破所产生的高温物体等现象都会成为自燃火源。

受热自燃最初受热源体(火源)的影响较大，如果热源体提供的热量较多，可燃物吸热快，引起燃烧的时间短，并且很快便能看到明火。相反，如果热源体提供的热量较少，提供给可燃物的热量少，引起燃烧的时间长，甚至不能引起燃烧，有时即使局部已经燃烧，若还没有出现明火，此时外部热源体的热量又已经耗尽，刚刚燃烧的可燃物也有可能自行熄灭。所以，受热自燃最初的可燃物燃烧并不彻底，烟色浓，周围的树木、岩石等物体上留有明显的烟迹，但以起火点为中心常能形成一个较小范围的炭化区。

自热自燃和受热自燃的共同特点是起火慢，受热自燃有的长达几个小时才能看到明火，自热自燃很多情况下根本就看不到明火，只在地下燃烧。

③着火　就是可燃物与火焰(火源)直接接触而燃烧，并且在火源移去后仍然能保持燃烧的现象，也称为明火起火。

林火蔓延就是火头前方森林可燃物依次连续被点燃的过程。各类野外用火不慎跑火均属此类。其特点是火势来得猛烈，突然就起火，烟色不浓，蔓延快，起火处点可燃物燃烧彻底。起火点的炭化区范围小而且不明显，但蔓延痕迹十分明显。

不论是自热自燃，还是受热自燃，燃烧刚一开始会留下与周围明显不同的燃烧痕迹和燃烧特征。但是等到转变成明火之后，特别是随着蔓延速度的加快，局部区域与四周的燃烧痕迹和燃烧特征将越来越模糊。所以，研究林火最初的蔓延特征是很必要的。

8.2.4　各种熏黑痕迹

在燃烧床上作燃烧试验，可以明显地看到顺风蔓延的火在木柱的背风面形成旗状上升火苗，这种现象称为"片面燃烧"，这是因为木柱拉伸了蔓延的火焰，并在木桩的背风面形成火旋，使木柱背风面受热加强，在上升气流的作用下，形成一种燃烧现象。这种现象不仅在林火中产生，在城镇的建筑火灾中的木桩燃烧也是这样。

对于正在燃烧的木柱而言，当风向与火灾蔓延方向相反时，木柱的背风面也产生片面燃烧。顺风所产生的片面燃烧与逆风所产生的片面燃烧两者相比较，后者烧损的程度要比前者严重得多。

由于"片面燃烧"，过火林地树木的背风面的烧黑高度总是高于迎风(火)面，据此可以判断林火的蔓延方向。值得注意的是，如果没有发生"片面燃烧"，地表火的火焰会引燃迎火面树干基部的树皮或附生物，留下烧黑或烧焦痕迹，这种情况下，树干上烧黑痕迹明显的一侧指示的则是来火方向(迎火面)。所以根据树干上的烧黑痕迹判断林火蔓延方向时，一定要注意区别是"片面燃烧"的烧黑痕迹，还是地表火造成的烧黑痕迹。

在林火调查中，树干上的痕迹有2种描述指标，即熏黑高度和烧黑高度。熏黑高度是指森林可燃物燃烧所释放的烟雾颗粒附着在树干上的高度；烧黑高度则是指地表可燃物燃烧的火焰致使树干上的附生物及树皮等燃烧后，留下的痕迹所达到的高度。绝大多数情况下，熏黑高度比烧黑高度要高。

调查中，常出现根据熏黑痕迹和烧黑痕迹判断的林火蔓延方向不一致的情况，这是因为烟熏痕迹容易受旋风或火的涡旋的影响，而树干燃烧的痕迹则相对稳定。因此，以大多数树干的烧黑痕迹来判断林火的蔓延方向更为准确些。

(1)山地树干基部的火疤

在山坡上生长的树木，特别是较粗的树干与坡面形成的夹角通常可以阻滞较多的枯枝落叶，当地表火由下向上蔓延时(上山火)，火焰受到树干的阻挡，会绕到大树的树干背火面形成涡旋，加上此处枯枝落叶较厚且含水量低，"涡旋"很快就变成了"火涡"，在树干背火面形成痕迹明显的"火疤"，严重者甚至可以烧出一个黑洞。

（2）树冠被烧（焦）痕迹

当地表火焰高度较高或者地表火开始上树，有转变为树冠火的趋势时，最初（即来火方向的一侧）的树冠被烧（焦）高度较低，可能只有过火一侧下部的部分树冠枝叶被烧（或烤焦），随着火的蔓延与发展，蔓延方向上的树冠被烧高度逐渐增高。

（3）灌木和幼树枝条的倾斜方向

灌木和幼树过火后，没有被烧断的枝条朝着火灾蔓延方向倾斜、弯曲。这是因为这些弯曲的枝条本身并不蔓延着火，而是枝条上的树叶燃烧的同时受到风的作用，驱使枝条朝着顺风方向弯曲，火烧过之后，弯曲的枝条内部水分很少、表皮干裂，失去了恢复"伸直"的拉力。大树树冠被烧后留下的许多枝条也如此。

（4）倒木和树桩过火痕迹

倒木或树桩过火后，常只有一侧被烧，留下"鱼鳞疤"，被烧的一侧指示火来的方向。这一点和树干"片面燃烧"痕迹以及树干基部的火疤指示的方向刚好相反。

（5）杂草倒伏的方向

杂草过火后，绝大部分被烧断，如果没有全部被烧毁的话，被烧断的草梗大多都朝着来火的方向倒伏。

（6）杂草丛、灌丛被烧痕迹

如果火强度低，丛状分布的杂草和灌木通常不会全部被烧毁，一般只能烧毁一簇杂草或灌丛的一侧，而留下另一侧，被烧毁残留的杂草、灌木茬形成斜锥状，斜面朝向来火方向，被烧毁的一侧便是来火的方向。

（7）岩石被熏黑痕迹

孤立的、露出地面的岩石(但不是一面石崖或石壁)过火后，通常有一侧会被烟熏黑。熏黑的一侧指示的是来火方向(类似于伐根)。

（8）其他残留物痕迹

火烧迹地内残留的烟盒、包装袋、罐头瓶子及其他玻璃制品等物，或多或少，或轻或重，都会留下火烧的痕迹。通常，来火方向的一面被烧程度重于其他面。例如，玻璃制品朝向来火方向的一侧，被火烧烤后会产生棕色的斑点或斑痕。

8.2.5 林火起火点的查找方法和步骤

8.2.5.1 初步确定起火的范围

在大片火烧迹地上查找起火点，犹如大海捞针，只有将起火点缩小到一定范围才能很快地找到起火点，确定的范围越小，越有利于起火点的查找。有些林火刚刚发生就被发现了，起火的范围就好确定，有些则相反，特别是在偏远的山区，有些林火已经发生了很久还没有被人发现，这样的起火范围当然就难以确定。但是不论初步确定的起火范围大小，它都比一开始就在整个火烧迹地中盲目寻找起火点要好。

如何尽可能缩小起火点的查找范围，其关键在于及时性。我国98%以上的森林火灾是人为火，火灾刚刚发生时群众义愤大，知情人没有顾虑，肯直言，信息也易传播，便于了解真实情况。有时肇事者也在扑火行列中，群众会自发指认，此时最利于查找起火点。若日后了解则比较困难，因为肇事者和知情人基本上都是本村人、亲友、熟人等，知情人易产生顾虑，回避不说。肇事者也可能回避、出逃，外出打工，甚至多年不归。另外，如果不及时查找，若下雨或今后清理火烧迹地容易损坏现场，则难以取得第一手资料。所以，边扑救边派人查找起火点，是最快速高效的方法，最起码可以将发现火情起，到扑灭火灾期间的火烧过的区域排除掉（不会是起火点），再加上知情人特别是发现火情第一人的指认，可以将起火范围限制到最小。

当然，注重真实知情人反映的情况的同时，更要注重现场勘查，不可图省事，仅凭知情人的指认、肇事者口供为依据的做法是不可取的。

8.2.5.2　进一步确认、缩小起火范围

初步确定的起火范围因发现火情的早晚而异，有些可能很明确，比如上坟烧纸、焚香、放鞭炮引发的林火，可以落实到某个坟头上。也有些初步确定的起火范围较广，比如一面坡、一条沟、一个山坳等，这时就需要调查人员采用适当的方法进一步确认、缩小起火范围。常用的方法有以下几种：

（1）离心法（辐散法）

由初步确定的起火范围（中心）向四周（外围）进行勘查寻找起火点的方法称为辐散法。这种勘查方法适用于现场范围不大，痕迹、物证比较集中，初步确定的起火范围较明确。也就是说，从这个很小的范围或者说是已认定起火点开始，向四周辐散开去，即从几个方向顺着林火蔓延的方向寻找，分别寻找由中心（起火点）蔓延出去的痕迹和证据。缺点是对火灾现场的破坏较大，如果一次没有找到起火点的话，整个火场被破坏，为后续调查带来不必要的干扰。

（2）向心法（辐合法）

由火烧迹地外围向中心逐步缩小范围的一种查找方法称为向心法，又可称为辐合法。特别适用于初步确定的起火范围较大，发现着火的时间较晚，痕迹、物证、人证分散。从外围向中心逐步排查，用这种方法把分散的痕迹和物证逐渐归并，最后落实到很小的地块，甚至是一个"点"上。所以，也可以说向心法是进一步缩小起火范围的好方法。这种方法从四周逆着林火蔓延方向往回寻找，从外部向内部的几个方向上都交汇到一个共同的小区域（点）上。

（3）分片分段法

根据初步确定的起火范围分片分段地进行勘查。适用于初步确定的起火范围较大，地形、环境十分复杂，特别是包含一些孤立或自成一体的局部小地形，可以分片分段进行勘查，来搜寻痕迹、物证。在多个起火点的火场，也经常使用分片分段法。分片分段查找要特别注意结合部位的查找和分析。通常在较大的片或段使用向心法，在较小的片或段使用离心法。

8.2.5.3　林火燃烧痕迹、残留物特征与起火点查找方法的结合

（1）查找方法与林火蔓延特征相结合

尽管林火发生发展的过程中风向、林火行为是多变的，但是，火烧迹地上林火蔓延痕

迹会被真实地"记录"下来。不要被复杂的表面现象迷惑、难倒，要认真观察分析任何一个可疑点，反复比较。

分析林火蔓延特征要紧紧抓住林火蔓延速度和燃烧程度两个方面的辩证关系，因为查找起火点最关键的一环是确定林火的蔓延方向及变化，只有准确地判断林火的蔓延速度，才能推断出林火发生发展过程中的蔓延方向及其变化。在火场中，受地貌、植被、风向、风力等影响，林火向四周蔓延的速度不同，正是据此可以把火的蔓延区分为顺风火、侧风火和逆风火，把一个完整的火场区分为火头、火翼和火尾几个特征各异的部分。

确定林火蔓延速度不是目的，还要将它与燃烧程度的关系联系起来进行判断、分析。表面上看燃烧程度难以区分，也难以和蔓延速度联系起来，但实际上，如果假定除了蔓延速度在变化，其他条件都不变的情况下，我们不难得出这样的结论：蔓延速度越快，燃烧程度越轻；蔓延速度越慢，燃烧程度越重。林火向四周蔓延是渐进的过程，而人们看到的火烧迹地则是这个渐进过程的总结果，从总结果中是难以区分出渐进过程所表现出的差异。所以，如果把整个火烧迹地区分成许多小的区域，这些区域区分越细，细小区域上的可燃物状况、火环境条件等差异越小，可以近似看出是一致的，在这些小区域上的火蔓延速度和燃烧程度的关系就可以解析出来了，把这些小区域进行放大或者相互叠加，林火蔓延及其变化过程也就不难"复原"了。

（2）查找方法与各种燃烧痕迹、残留物特征相结合

上一节提供了较为详细的各种燃烧痕迹和残留物特征，这些痕迹和特征其实都提供了一个共同的信息：林火的蔓延方向。离心法就是从假定的起火区域顺着各种燃烧痕迹、残留物特征所指示的林火蔓延方向去求证，向心法则是逆着各种燃烧痕迹、残留物特征所指示的林火蔓延方向去寻找。

8.2.5.4 虚假起火点的排除

林火蔓延过程中蔓延的方向是多变的，难免留下很多看似是起火点的虚假燃烧痕迹和残留物特征，在查找起火点的过程中千万不能被这些假象所迷惑。排除虚假起火点还要从林火蔓延的变化过程着手，即要找出起火点的特征和蔓延"转折点"特征的区别。林火刚刚燃烧的时候，由于所释放的热量有限，从起火点向外各个方向蔓延的燃烧痕迹、残留物特征都比较明显。而林火蔓延方向的改变，是某一个方向或少数几个方向热量分配的突然加强，由非火头变成了火头，并非各个方向上都出现了热量的突然加强、蔓延速度的突然加快，这种个别方向上的变化所留下的燃烧痕迹、残留物特征，与原来蔓延方向上所留下的痕迹和特征是有传承性的。或者说，以"起火点"为中心，可以找到向四周发散的林火蔓延痕迹和残留物特征，而以"转折点"为中心，则不是各个方向都表现为向外蔓延，有些方向上会表现为朝着这个"转折点"蔓延。

（1）确定起火点，查找火源证据

通过反复比较和排查，确定一个最小的起火范围，保护好这个区域，禁止任何人盲目进入该区域，然后在这个最小范围中查找火源证据。

使用离心法查找也要提前划定这么一个嫌疑最大的区域，例如，根据初步调查确认火灾是某坟丘前祭奠活动引发的，就应该在该坟丘的四周划定一个区域，以该区域为中心使用离心法查找林火蔓延的痕迹和残留物，以便证实起火点就在该坟丘附近，然后查找火源

证据。

（2）起火点查找应重点观察的对象

查找起火点时，除了重点观察燃烧痕迹和残留物特征外，还要注意观察火烧迹地周围的地物、环境等，特别是要重点察看以下对象：

①火场附近是否有寺庙、坟墓，以判断林火是否是由烧香或燃放鞭炮引起的；

②察看火场附近是否有道路，以便判断起火地点是否在路边，是否是机动车辆喷火漏火，是否是某些人员在路边点火；

③察看火场附近是否有农田、果园、牧场等，以便判断起火地点是否在地边或果园，是否是烧田埂、烧秸秆或烧牧场等引起的；

④察看火场附近是否有工矿作业点，如烧炭、烧窑、采石场等，判断起火地点是否在工矿作业区；

⑤察看火场附近是否有新鲜的罐头盒、饮料瓶、篝火堆等野炊活动痕迹，以便判断起火地点是否是野炊点；

⑥察看火场附近是否有高压线，判断起火地点是否在高压线断开点或短路引起的林火；

⑦察看火场附近是否有树干或树枝被劈裂，结合天气状况，判断是否是雷击火引起林火。

总之，火烧迹地周围的地物、环境、人为活动情况或残弃物等都要作为重点勘察的对象，以便迅速找出起火原因。

8.2.6　火源证据的查找、提取、留存和鉴别

8.2.6.1　火源证据的查找方法

起火点的最小范围确定后，接下来就是确定火因了，即引起火灾的原因，也称引火源，其关键是找出火源的证据。林火不同于城市火灾，它发生在一个开放的森林生态系统中，一旦起火就会向外蔓延，一般不会驻留在同一个地方延烧，并且人们发现林火都有滞后时间，扑救对起火点的影响较小，许多情况下谈不上破坏。所以，大多数起火点的地表面或多或少都会留下未燃尽的引火物，有些引火物即使已经被燃尽，其灰烬也可能以其独特的特征完好地保留在起火点的地表面上。例如，未燃尽的纸堆、锯末堆、燃尽的烟头、篝火堆、爆竹等。比较严谨的查找方法步骤是：

①在确定起火点的最小范围后，选择一个"起点"，并划定查找路线；

②使用 2 块木板、胶合板等可以承载一个人重量的硬板，规格可以是长方形或正方形，大小适中，既便于携带又便于在林下移动、摆放，$0.5 \sim 1.5 \ m^2$ 均可；

③首先仔细搜寻"起点"，没有发现引火物遗留的痕迹后，将硬板铺在搜寻过的"起点"上，人蹲在硬板上仔细搜寻硬板前方，看有没有所需要的证据，若没有，把第二块硬板紧贴第一块硬板平铺下去，人随后蹲上去继续寻找，之后再把第一块硬板移到第二块硬板前，依此类推，直到找到第一个证据为止；

④对找到的证据进行提取、拍照；

⑤以第一个证据发现处为新的起点，重复上述过程直至在划定的最小范围内找出所有

证据为止。如果第一个证据附近还有其他能互相印证的证据，可以以这个新起点为中心，进一步缩小搜索范围。

8.2.6.2 火源证据的鉴别

火源的证据有些可能是清晰的，有些则是模糊的。因为林火的火源证据大部分是引火物的残留物，有些残留物还保留着部分的引火物原有特征，有些残留物的辨认特征和引火物的原有特征已经毫不相干。这就要求在找到的残留物痕迹被作为火源证据之前，使用排除法进行仔细鉴别，确定这些痕迹是哪类火因，是哪类火源才能产生的痕迹。

排除法就是分析收集到的痕迹，一个一个地排除已经知道不能引起火灾的火因，保留最有可能的火因。排除时要一个一个地提出，然后一个一个地否定或认定。例如，天气资料显示没有雷暴气候，就可排除雷击火因，继而考察那些与雷击痕迹类似的其他火因。同样，火场没有坟墓，也就可排除上坟烧纸的火因等等。依此类推，直到把所有的疑点全排除了，无法排除的火因就是真正的火因，由此所得到的证据才是无可辩驳的证据。

8.2.6.3 火源证据的提取和留存

火源证据不论是野外物证的提取，还是询问的音像、文字材料的提取，都必须有 2 个以上相关工作人员在场。现场资料要全面、准确、充分，能反映肇事原因及行为特征，图面、音像、影像材料等要配上文字说明，以便留存。

（1）火源证据提取常备工具

火源证据提取常备用具、器械包括：地形图、林相图、照相机、摄像机、录音设备、罗盘仪、指南针、皮尺、小袋子、盒子、小瓶子、小铲刀、刀具、笔记本、笔录纸、笔、绘图用具、成形固形剂等。

提取火源证据要细心，尽量保持原状，切莫再损坏、变形，如果需要长期保存，可以使用固形剂或成形剂等。

（2）起火点拍照、录像

起火点拍照、录像一般包括方位照（录）像、概貌照（录）像、重点部位照（录）像和细目照（录）像。

①起火点方位照、录像　起火点方位照、录像要把所处的位置以及周围环境拍照下来，用以说明起火点外部情况和环境特点，以及与周围事物的联系。应把那些能显示起火点位置的永久性标志，如道路、河流、瞭望塔、林班线、孤立木、孤立的岩石等拍在画面中。有时可用特写镜头以突出其位置。

②起火点概貌照、录像　把整个起火点的主要区域的状况拍、录下来，反映整个起火点的全貌和内部各个部位的联系，全面反映起火点较大范围内的情况。

③起火点重点部位照、录像　重点部位是发现可能是起火点的痕迹物证的位置，这些部位对于判断和分析起火原因有重要意义，并且附近有火源残留物。要注意拍照在地面上形成的残留物堆积状态和层次，多方位多角度地拍、录。

④起火点细目照、录像　细目照、录像重点拍、录所发现的火灾痕迹物证，以及对认定起火点、起火方式和起火原因有证明作用的现场局部状况，以反映痕迹物证的大小、形状、质地、色泽、细部结构等特征。细目照、录像可以分别单个物证照、录像。

（3）绘制现场图

起火点的现场图一般采用平面示意图，野外可以制作草图，制图时应标明起火点位置、方位、周围环境、火烧痕迹特征、残留物名称(包括种类、数量)、主要残留物之间的距离、相互间的位置与联系等。多个起火点还应注明相互间的位置、距离与联系。

(4)火因调查的旁证

起火点火源证据并不是孤立的，除了起火点现场收集到的证据外，还应注意收集与此相关的物证和人证。两者的调查可以同时进行，物证的采集与起火点火源证据的采集相类似，人证的取得主要手段是个别访问。个别访问要特别注意访谈、调查对象的选择，例如：

若发现火烧迹地附近有被遗弃的烟纸、烟头、火柴梗之类，极有可能是路人吸烟所引起，这些遗留物除了可以采集来用作实物旁证外，还要重点向知情人调查起火前谁从此路过、停留，以便取得人证。

若起火点发现有余柴、灰炭、引火物、罐头盒、食品盒(袋)、垃圾、篝火堆、脚印、车迹等，有可能是路人、拾柴、割草、打猎者所致，走后余火未熄，遇风起火。

若现场发现有新鲜的牛羊粪便等，要重点调查放牧人群。

若起火点靠近墓地坟茔，现场留有香灰、纸灰、残香、鞭炮皮、供品等，特别是清明、寒食前后以及亡者祭日，就有可能是上坟烧纸焚香引起的。

这些旁证的取得方法和火源直接证据的取得方法是一致的。但在调查人为放火时应注意区分儿童玩火，痴呆、精神病人点火与坏人放火的区别。对起火地点比较偏僻，起火原因莫名其妙，就要考虑是否有对社会不满者放火，更要注意少数以报复、泄愤为目的嫁祸于人的放火的取证。

8.2.7　起火点查找的新方法

(1)通过计算机模拟火场判断起火点

计算机模拟是虚拟现实的一部分，是今后林火模拟非常重要的组成部分。计算机模拟火场可以基于地理信息系统的数字化地形图，将火烧迹地火烧前的植被、当时的天气资料以及火烧迹地调查的林火行为数据叠加上去，通过计算机模拟或再现虚拟起火点所引发林火的火场形状和面积，并与真实火场相比较，从而推断出起火点和起火原因。

(2)实验室模拟

通过制作较大比例尺的森林火场及其周围地区的地形模型，模拟植被和天气进行实际燃烧试验也可以较准确地判断火灾的起火地点。

8.3　火场面积调查

森林火灾扑灭以后，要进行过火面积和受害面积调查，主要方法有：

(1)经验法(目测法)

此方法不适合大火场，对于小火场可由有经验的林业职工，通过步行进行估算火烧迹地面积；

(2)实测法

较大面积以上森林火灾现场可用罗盘仪或经纬仪测定火灾现场面积。火灾现场面积绘出后，面积可用求积仪和图解法求算，根据比例尺进行换算。

（3）RS 和 GIS 结合法

通过遥感照片矢量化，在地理信息系统中进行面积求算。

（4）航测法

对于大火场，通过人为实测费时费力，一般用直升机或无人飞行器在火场上空绕火场周围飞，把火场周围主要地物标志标注在地图上，连结各地物标志，绘制成火场图，航测勾绘火场图的同时，可以在飞机上拍照，把火场边界勾绘出，根据飞行高度或比例尺再估算火场面积。

8.4 林火损失调查

8.4.1 林木受害程度调查

一般根据树冠、树干形成层和树根等部位受害情况确定林木的受害程度。

（1）烧毁木

树冠全部烧焦，树干严重被烧毁，采伐后不能作为用材木；

（2）烧死木

树冠 1/2 以上被烧焦或树干形成层有 2/3 以上被烧坏，树根烧伤严重，树木已没有恢复生长能力，采伐后还可作用材；

（3）烧伤木

树冠被烧 1/2 或 1/4 或树干形成层保留 1/2 以上未被烧坏，树根烧伤不严重，树木仍有恢复生长能力；

（4）未伤木

树冠未被烧，树干形成层没有受伤害，仅树皮被熏黑。

8.4.2 林木损失调查

（1）幼林损失

幼林被烧死的株数与受害面积，人工幼林的损失按重新造林和抚育费用计算，并扣除火烧木出售价值。天然幼林可按人工清林抚育费用来计算。

（2）林木损失

森林火灾后要进行火烧迹地调查，火场面积确定后，选择具有代表性的地块设置标准，并对标准地进行每木检尺，分树种记录树高、胸径等测树因子。分别计算活立木、濒死木、烧毁木的材积，根据标准地面积与火烧迹地面积的关系推算火场林木材积损失，并根据国家或地方对应树种木材价格计算经济损失。

若在火烧迹地上按照林木株数损失的方法统计林木蓄积量损失，工作量大，特别是大面积火场调查有困难，一般只要计算出火烧迹地各树种和全林分的林木蓄积损失（混交林分树种统计）。

①在火烧迹地内设置标准地，进行每木检尺，计算标准地内平均胸径和平均高；

②若使用一元材积表，则用平均胸径查算对应树种的平均木单株材积；若使用二元材积表，则用平均胸径和平均高查算对应树种的平均木单株材积；

③计算标准地林木蓄积损失：

$$V_{标} = n \times V_{平}$$

式中，n 为标准地内林木总株数；$V_{平}$ 为标准地内平均木材积；$V_{标}$ 为标准地内所有林木蓄积。

④计算火烧迹地林木蓄积损失：

$$V = V_{标} \times S/ S_{标}$$

式中，V 为火烧迹地蓄积损失；$V_{标}$ 为标准地林木蓄积损失；S 为火烧迹地面积（受害面积）；$S_{标}$ 为标准地面积。

8.5　森林火灾档案与报表

8.5.1　森林火灾档案建立的目的与意义

森林火灾档案是在森林火灾扑灭后形成的综合材料，作为原始记录保存起来以备查考的文字、表、图、影像照片（或视频）等文件材料。森林火灾调查数据经统计、整理形成文件材料，建立和保管好森林火灾档案，对于研究区域林火发生规律、森林防火经验等有重要意义。建立森林火灾档案是进行森林火灾科学研究的原始数据，是森林防火统计工作的重要组成部分，是制定森林防火预案和编制森林防火规划的依据，可为研究林火发生规律等提供宝贵资料，对今后森林防火具有指导意义和参考价值。

8.5.2　森林火灾档案的内容

森林火灾档案通常以表格、图、文字系统记载森林火灾发生、蔓延及扑火经过、受害状况等表现，其主要内容包括：

①森林火灾统计表；

②森林火灾调查报告（森林火灾发生的时间、地点、扑火经过、起火原因、损失、人员伤亡、火灾案件的查处、灾后重建措施、火场示意图等）；

③重、特大森林火灾记录表；

④森林防火年度计划和年度总结报告；

⑤森林防火基础设施建设规划表；

⑥森林火灾调查文书（火灾现场勘查笔录、火灾现场录像或照相、询问笔录、火灾原因、火灾损失、事故责任人，形成森林火灾事故调查报告）；

⑦有关文件及森林防火会议纪要。

8.5.3　森林火灾档案的种类

（1）纸质档案

传统的森林火灾调查后形成的文字、表、图等材料，经整理成册并保存。

（2）电子档案

森林火灾电子档案是指把森林火灾档案以电子文件形式收集、整理、归纳、传输和储存起来的一种方式，是指林业职工在森林消防活动中形成的，并以计算机硬盘和光盘等进行存储的文件材料。随着计算机的应用、网络的普及和信息数字化的快速发展，档案工作已逐步实现现代化管理，森林火灾电子档案成了档案管理重要形式。

8.5.4　森林火灾报表

（1）森林火灾报表主要内容

森林火灾包括一般森林火灾、较大森林火灾、重大森林火灾和特大森林火灾，都要如实填写森林火灾报表，向上级林业主管部门汇报，汇报的主要内容：

①森林火灾发生的时间、地点（乡或镇、村、林场、林班、小班等）。

②森林火灾原因、肇事者及有关失职人员。

③森林火灾种类、扑灭时间、过火面积、受害面积、主要树种（含树种组成）及林木损失情况等。

④扑火经过：参加扑火人员和数量、扑火队伍到达火场时间、扑火方法、扑火机具、伤亡情况、出动消防车辆、扑火费用及火烧迹地图（勾绘地形图或卫片）等。

⑤奖惩：伤亡人员的救治及抚恤、扑火先进个人和集体的表扬、失职人员的处罚等。

⑥森林火灾损失各种报表。

（2）常见森林火灾统计报表

①森林火灾统计月报表（一）（表8-3）

②森林火灾统计月报表（二）（表8-4）

③8 种森林火灾报表（三）（表8-5）

④森林防火组织机构和森林消防队伍建设统计年报表（表8-6）

⑤森林防火办事机构人员统计年报表（表8-7）

⑥森林防火基础设施统计年报表（一）（表8-8）

⑦森林防火基础设施统计年报表（二）（表8-9）

⑧森林防火装备年度统计表（表8-10）

⑨森林防火投资统计年报表（表8-11）

思考题

1. 森林火灾案件调查的目的、意义与内容有哪些？
2. 简述森林火灾调查的基本原则与方法。
3. 简述森林火灾现场勘查的步骤。
4. 简述森林火灾现场面积与蓄积调查方法。

表 8-3　_____年森林火灾统计月报表（一）

填报单位：　　　　　　　　年　　月　　　　　　　　　　　　　　国家森林防火指挥部办公室制

地级或县级名称	森林火灾次数					火场总面积（hm²）	受害森林面积（hm²）			损失林木		人员伤亡				其他损失折款（万元）	出动		出动飞机						扑火经费（万元）
	计	一般火灾	较大火灾	重大火灾	特大火灾		计	其中		成林蓄积（m³）	幼林株数（万株）	计	轻伤	重伤	死亡		扑火人员	车辆（台）	有人机				无人机		
								公益林	商品林										固定翼		直升机		数量	飞行小时	
																			数量	飞行小时	数量	飞行小时			
甲	1	2	3	4	5	6	7	8	9	10	11	12	13	14	15	16	17	18	19	20	21	22	23	24	25
一至本月累计	0	0	0	0	0	0	0	0	0	0	0	0	0	0	0	0	0	0	0	0	0	0	0	0	0
本月合计	0	0	0	0	0	0	0	0	0	0	0	0	0	0	0	0	0	0	0	0	0	0	0	0	0

填表人：　　　　　　　　审核人：　　　　　　　　年　　月　　日填报

表 8-4 _____ 年森林火灾统计月报表（二）

填报单位：

年　月

地级或县级名称	已查明火源次数																未查明火源次数	火案处理情况						备注
	计	农事用火	炼山造林	烧隔离带	施工作业	野外吸烟	野外生活用火	祭祀用火	痴呆弄火	未成年人玩火	电线短路	纵火	外省(区市)烧入	境外烧入	雷击火	其他		已处理起数	已处理人数					
																			计	刑事处罚	行政处罚	行政处分	纪律处分	
甲	1	2	3	4	5	6	7	8	9	10	11	12	13	14	15	16	17	18	19	20	21	22	23	24
	0	0	0	0	0	0	0	0	0	0	0	0	0	0	0	0	0	0	0	0	0	0	0	
	0	0	0	0	0	0	0	0	0	0	0	0	0	0	0	0	0	0	0	0	0	0	0	
一至本月累计	0																		0					
本月合计	0																		0					
	0																		0					
	0																		0					
	0																		0					
	0																		0					
	0																		0					
	0																		0					

填表人：　　　　　　　　　　审核人：　　　　　　　　　　年　月　日填报

表 8-5　8 种森林火灾报表（三）

填报单位：

火灾编号：　字（　）号

起火地点	坐标(2)	起火时间(3)	发现时间(4)	扑灭时间(5)	起火原因(6)	火灾种类(7)	火灾等级(8)	火场面积(hm²)(9)	受害森林面积(hm²) 计(10)	其中 公益林(11)	商品林(12)	林分组成(13)	损失 林木 成林蓄积(m³)(14)	幼林株数(万株)(15)	其他损失折款合计(万元)(16)	人员伤亡 计(17)	轻伤(18)	重伤(19)	死亡(20)
(1) 地（盟.市） 县（林业局） 乡（林场） 村（林班）	东经 °′″ 北纬 °′″	月 日 时 分	月 日 时 分	月 日 时 分															

出动扑火人员

火场指挥员(21) 姓名： 职务：	出动扑火人员（人数） 合计 人数(22)	工日(23)	其中 军队(24)	武警(25)	森林部队(26)	扑火队(27)

出动飞机 有人机 飞行时间(28)	飞行费吊飞（万元）(29)	飞行架次(30)	洒水(t)(31)	机（索）降架次(32)	机（索）降人次(33)	无人机 飞行时间(34)	飞行架次(35)

出动车辆（台） 计(36)	运兵车(37)	通信指挥车(38)	其他车辆(39)	携带电台（部）(40)	投入扑火机具（台.把） 计(41)	灭火机(42)	水枪(43)	其他机具(44)	扑火费（万元）(45)

火灾肇事者 肇事者及有关责任人员处理情况	肇事者 有关责任人员(46)	姓名(47)	年龄(48)	职业	单位

火场天气情况	天气(49)	气温℃(50)	风力（级）(51)	降雨（雪）(52)
主要扑救过程(53)				

（另附火场示意图）

年　　月　　日

审核人：

上报原因：

填表人：

表 8-6 _____年森林防火组织机构和森林消防队伍建设统计年报表

填报单位：

国家森林防火指挥部办公室制

单位	森林防火指挥部		森林防火办事机构							防火检查站		专业森林消防队		半专业森林消防队		应急森林消防队		群众森林消防队		护林员	备注
	机构数	成员数	机构数	实有人数	其中					机构数	人数	队数	人数	队数	人数	队数	人数	队数	人数	人数	
					行政单位		事业单位		其他人员												
					编制数	实有数	编制数	实有数													
	（个）	（人）	（个）	（人）	（人）	（人）	（人）	（人）	（人）	（个）	（人）	（人）	（人）	（人）	（人）	（人）	（人）	（人）	（人）	（人）	
甲	1	2	3	4	5	6	7	8	9	10	11	12	13	14	15	16	17	18	19	20	21
合计	0	0	0	0	0	0	0	0	0	0	0	0	0	0	0	0	0	0	0	0	
其中 省级				0																	
其中 地级				0																	
其中 县级				0																	

填表人： 审核人： 年 月 日 填报

表 8-7　_____年森林防火办事机构人员统计年报表

填报单位：　　　　　　　　　　　　　　　　　　　　　　　　　　　　　　　　　　　　　　国家森林防火指挥部办公室制

单位	实有人数		年龄			职务				文化程度				技术职称			防火工作年限			备注
	合计	其中:女	30 岁以下	31~50 岁	51 岁以上	厅局级	处级	科级	科级以下	本科以上	大专	中专	高中以下	高级	中级	初级以下	15 年以上	5~15 年	5 年以下	
甲	1	2	3	4	5	6	7	8	9	10	11	12	13	14	15	16	17	18	19	20
合计	0	0	0	0	0	0	0	0	0	0	0	0	0	0	0	0	0	0	0	
其中 省级																				
市级																				
县级																				

填表人：　　　　　　　　　　　审核人：　　　　　　　　　　　　　　　　　　　　　年　　　　月　　　　日填报

填报单位:

表 8-8 _____ 年森林防火基础设施统计年报表（一）

国家森林防火指挥部办公室制

单位	预警监测系统					信息指挥系统				通信指挥系统														备注
										电台					卫星通信系统									
																VSAT卫星通信系统				海事卫星		手持卫星电话		
	森林火险要素监测站	森林火险因子采集站	森林火险综合监测站	森林防火视频监控点	瞭望塔台	防火指挥中心	业务软件	综合管控系统	计	小计	固定	手持	车载	小计	小计	固定站	车载站	便携站	运营商	数量	运营商	数量	使用卫星	
甲	1	2	3	4	5	6	7	8	9	10	11	12	13	14	15	16	17	18	19	20	21	22	23	24
累计实有	0	0	0	0	0	0	0	0	0	0	0	0	0	0	0	0	0	0		0		0		
本年合计									0	0				0	0									
其中 省级									0	0				0	0									
其中 地级									0	0				0	0									
其中 县级									0	0				0	0									

填表人: 审核人: 年 月 日 填报

填报单位：

表 8-9 _____年森林防火基础设施统计年报表（二）

国家森林防火指挥部办公室制

单位	防火隔离带（km）					防火公路	数量	防火物资储备库										森林消防专业队营房		无人机	备注
	其中							其中													
	生物防火林带		工程阻隔带		计	（km）	（座）	国家级		省级		市级		县级			数量	面积	数量	
	林内	林缘	生土带	防火线				数量	面积	数量	面积	数量	面积	数量	面积		（座）	（m²）	（台）	
								（座）	（m²）	（座）	（m²）	（座）	（m²）	（座）	（m²）					
甲	2	3	4	5	1	6	7	8	9	10	11	12	13	14	15		16	17	18	19
累计实有	0	0	0	0	0	0	0	0	0	0	0	0	0	0	0		0	0	0	
本年合计	0	0	0	0	0	0	0													
其中 省级						0	0													
地级						0	0													
县级						0	0													

填表人：　　　　　　　　　　　　　　　　　　　　　　　　　　　　　　年　　月　　日填报

填报单位：

表8-10 ＿＿＿＿年森林防火装备年度统计表

国家森林防火指挥部办公室制

	合计	个人防护类 计	防护服	帐篷	睡袋	其他	扑火机具类 计	水泵系列 便携式高压泵	手抬式高压泵	水雾消防摩托车	水枪系列 高压脉冲水枪	高压泡沫水枪	手动电动水枪	往复式水枪	高压细水雾灭火机	风力系列 风力灭火机	风力水灭火机	辅助系列 油锯	割灌机	发电机	组合工具	其他	化学灭火类 计	粉剂灭火剂	水剂灭火剂	干粉灭火弹	其他	森林消防车辆类 计	运兵车	灭火运水车	运水车	全地形消防车	履带式消防车	炊事车	宣传车	宿营车	巡护摩托车	其他	通信类 计	通信指挥车	对讲机	卫星电话	其他
甲	1	2	3	4	5	6	7	8	9	10	11	12	13	14	15	16	17	18	19	20	21	22	23	24	25	26	27	28	29	30	31	32	33	34	35	36	37	38	39	40	41	42	43
累计实有	0	0	0	0	0	0	0	0	0	0	0	0	0	0	0	0	0	0	0	0	0	0	0	0	0	0	0	0	0	0	0	0	0	0	0	0	0	0	0	0	0	0	0
本年合计	0	0					0																0					0											0				
其中 省级	0	0					0																0					0											0				
其中 地级	0	0					0																0					0											0				
其中 县级	0	0					0																0					0											0				

填报人： 年 月 日填报

表 8-11　_____年森林防火投资统计年报表

（万元）

填报单位：　　　　　　　　　　　　　　　　　　　　　　　　　　　　　　　　　　国家森林防火指挥部办公室制

单位	合计	中央投资																地方投资													其他
			基本建设资金							财政预算资金							计		基本建设资金						财政预算资金						
	计	小计	小计	预警监测系统	通信和信息指挥系统	森林消防队伍建设	森林航空消防建设	林火阻隔系统建设	森林防火应急道路建设	小计	森林防火物资储备资金	航空护林飞行费	森林航空消防地面保障资金	边境森林防火隔离带建设经费	扑火补助金			小计	预警监测系统	通信和信息指挥系统	森林消防队伍建设	森林航空消防建设	林火阻隔系统建设	森林防火应急道路建设	小计	森林消防专业队建设	森林防火宣传经费	航空护林飞行费	森林防火物资储备经费	边境森林防火隔离带建设经费配套资金	
甲	1	2	3	4	5	6	7	8	9	10	11	12	13	14	15	16	17	18	19	20	21	22	23	24	25	26	27	28	29	30	
到本年累计	0	0	0	0	0	0	0	0	0	0	0	0	0	0	0	0	0	0	0	0	0	0	0	0	0	0	0	0	0	0	
本年合计	0	0	0	0	0	0	0	0	0	0	0	0	0	0	0	0	0	0	0	0	0	0	0	0	0	0	0	0	0	0	
其中　本级	0	0	0							0						0	0	0						0	0						
省级	0	0	0							0						0	0	0						0	0						
地级	0	0	0							0						0	0	0						0	0						
县级	0	0	0							0						0	0	0						0	0						

填表人：　　　　　　　　　　　　　　　审核人：　　　　　　　　　　　　　　　年　　月　　日填报

第9章

森林火灾典型案例

森林火灾在全世界频繁地发生，其对自然生态系统严重的破坏，为世界公认的大自然灾害之一，森林火灾因受气象、地形和可燃物三大因素的影响，火场变化无常，给扑火人员带来了极大的危险。目前，国内外在扑救森林火灾中，人员伤亡还时有发生。在世界上，森林火灾造成人员伤亡最多的一起达1500余人，我国森林火灾造成人员伤亡最大的一起达200余人，为了最大限度地减少扑火人员伤亡，在深入调研的基础上，对我国1986年以来的9起森林火灾典型伤亡案例进行剖析，并编写了扑救森林火灾典型伤亡案例分析与安全常识，目的是更好指导今后的扑火安全工作。

9.1　广西玉林市扑救森林火灾伤亡案例

9.1.1　火灾发生的时间、地点及伤亡情况

时间：2004年1月3日16:30。
地点：广西玉林市兴业县卖酒乡党州村太平自然村经济场后岭。
伤亡情况：死亡11人。

9.1.2　伤亡地域的地理环境

地域为三面环山狭长的单口峡谷，俗称"葫芦峪"的特殊地形，坡度大于35°。

9.1.3　扑火经过

2004年1月3日17时，卖酒乡乡长带领21人从经济场后背山西面沿火线向鬼岭渡方向扑打，到达鬼岭渡后，兵分两路：一路由乡长带领沿火线继续向前扑火；另一路由乡林

业站长带领 13 人下到山谷欲实施扑火，17:10，当 13 人将要接近山谷的火线时，由于山谷的特殊地形，局部产生了旋风，火势突然增大，火焰高达 10 m，13 人中只有 2 人脱险，其余 11 人全部死亡。

9.1.4　案例分析

（1）伤亡发生的主要原因

①离开火线直插谷底，与谷底火线还有一定距离时，因气象原因，火势突然发生变化，导致人员伤亡。

②因地形是三面环山的狭长单口峡谷，谷底与谷顶之间有一定高差，当大风吹入山谷时，火势突然加大，迅速向谷顶方向燃烧，形成快速推进的上山火，致使扑火人员处于十分危险地域。

（2）应采取的主要措施

①应沿火线向谷底方向扑打。

②如需到谷底扑火时，应绕到谷口，由谷口方向接近火线实施灭火。

9.2　陕西省佛坪扑救森林火灾伤亡案例

9.2.1　火灾发生的时间、地点及伤亡情况

时间：2003 年 3 月 28 日 13:10。

地点：陕西省佛坪县袁家庄镇塘湾村关山。

伤亡情况：死亡 10 人、伤 8 人。

9.2.2　伤亡地域的地理环境

山脊线由底到山顶呈镰刀形，山的相对高度 500 m，发生伤亡地点为起火点东北方向 500 m 的镰刀头部，距山顶的距离约 200 m，坡度 50°。

9.2.3　扑火经过

2003 年 3 月 28 日 13:10，县里组织 270 余人，采取打隔结合的方法，兵分三路进行扑火，武警和公安干警由山下沿火线兵分两路扑火，机关干部 17 人到火头前方山顶向 200 m 处山坡开设隔离带，15:00 风力突然加大，火沿山体向东北方向的山顶燃烧，火烧至山顶下方 200 m 处时，因受镰刀形山体地形的影响，形成"火旋风"，导致开设隔离带的人员 10 死 8 伤。

9.2.4　案例分析

（1）伤亡发生的主要原因

①在上山火蔓延上方开设隔离带，使扑火人员处于上山火头前方，造成人员伤亡。

②因镰刀形山体火向上山燃烧时，突然加大的风速使火蔓延至山顶下方时，形成空气涡流，产生"火旋风"，造成人员伤亡。

（2）应采取的主要措施

拦截火头的隔离带应开在山的背坡，也可在火头越过山后，变成下山火时，实施扑火。

9.3　山西省汾阳扑救森林火灾伤亡案例

9.3.1　火灾发生的时间、地点及伤亡情况

时间：1999 年 4 月 3 日 17：00。

地点：山西省汾阳市关帝山。

伤亡情况：死亡 23 人。

9.3.2　伤亡地域的地理环境

沟顶为峭壁，坡度在 70°以上，沟两侧为陡坡，坡度大于 50°。

9.3.3　扑火经过

1999 年 4 月 3 日，由汾阳市和文水县组织 1600 余人扑火，4 月 4 日 14：00，文水县扑火人员行至路口沟时，火烧入沟内，造成 23 人死亡。

9.3.4　案例分析

（1）伤亡发生的主要原因

①扑火人员行至深谷是造成伤亡的主要原因。

②因气象原因，火势突然发生变化，大火烧入深谷，封堵谷口，同时又有大量"飞火"飞入谷内，切断退路，谷内多处起火，形成乱流，大量烟尘沉积于谷内，致使扑火人员一氧化碳中毒，窒息后被大火烧亡。

（2）应采取的主要措施

扑火人员不应离开火线，一旦受到大火袭击时，可进入火烧迹地避险。

9.4　黑龙江省绥阳扑救森林火灾伤亡案例

9.4.1　火灾发生的时间、地点及伤亡情况

时间：1996 年 4 月 14 日。

地点：黑龙江省绥阳林业局河湾林场。

伤亡情况：死亡 7 人，伤 6 人。

9.4.2 伤亡地域的地理环境

从北向南排列 3 道东西走向的山梁，中间有 2 条狭长的山沟，沟底只有 2 m 宽，两侧山坡坡度 30°~40°，沟顶为峭壁，沟口朝西，临近大绥芬河的转弯处。

9.4.3 扑火经过

1996 年 4 月 15 日 11：00，火从北部第一道山梁沿南坡向下燃烧，防火办干部带领 12 人在第三道山梁开设隔离带，当开出 300 m 时，火越过第一条沟，向第二道山梁蔓延，此时，西部火线也突破沟口处的隔离带，顺第二条山沟向山梁蔓延，指挥员命令向第二条沟口突围，4 人迎火冲出火线，另有 2 人向东面撤离，最后在一处岩石裸露地带卧倒避火脱险，其余人员想翻越第三道山梁撤离，结果全部死亡。

9.4.4 案例分析

(1)伤亡发生的主要原因

①西风突然加大，强风吹入山谷，撞到沟顶峭壁使强风回旋形成涡流，突然改变林火蔓延方向，加快林火蔓延速度，使火场出现立体燃烧。

②错误地选择在山梁上开设隔离带是造成伤亡的主要原因，因为火从山下往山上燃烧时，由于山坡可燃物受热辐射和热对流的影响，隔离带很容易被上山火突破，这时，扑火人员处于极端危险的地域。

③开设隔离带时，没有预先开设安全避险区及制定应急方案，因此在火势突然发生变化时，造成盲目逃生和束手无策。

(2)应采取的主要措施

①在特殊地形环境下扑火时，指挥员应对周围地形、火势变化引起高度重视，要预先开设或预定安全避火区域，并制订应急方案。

②当火势突然发生变化，威胁人身安全时，由于坡度较小，可沿隔离带迅速点放顺风火，进入火烧迹地避险。

③扑火人员到达火场时，风力为 1~2 级，火向山下燃烧强度低，速度慢，可以采取直接灭火，无论火势如何发生变化，只要进入火烧迹地，就可以完全脱险。

9.5 广东省海丰扑救森林火灾伤亡案例

9.5.1 火灾发生的时间、地点及伤亡情况

时间：1996 年 3 月 4 日 13：40。

地点：广东省海丰县附城镇联西管区牛屎坑山。

伤亡情况：死亡 4 人，伤 5 人。

9.5.2 伤亡地域的地理环境

山高、坡陡、谷深，山下为水库。

9.5.3 扑火经过

1996 年 3 月 4 日 13:40，林火在山的南坡下部由西向东缓慢燃烧，镇政府组织 200 余人扑火，副镇长带领 19 人在一条从西南至东北的山冈上，由下至上开设隔离带，距山顶 50 m 时，火头蔓延速度缓慢，便决定留下 10 人继续开设隔离带，带领其余人员下山去扑打火线，19:40，风力增大至 4~5 级，火顺山坡直扑山顶，副镇长带领 9 人向山顶撤离，因火蔓延速度快，造成扑火人员全部被烧成重伤，其中，副镇长和 3 名扑火人员经医院抢救无效死亡。

9.5.4 案例分析

(1)伤亡发生的主要原因

①指挥员缺乏林火行为常识，带领扑火人员向山上逃生。

②不应由山上向山下迎火接近火场。

(2)应采取的主要措施

①隔离带应开设在山的背坡，隔离带的两端应与水库相接，必要时，可统一组织沿隔离带内侧边缘点放迎面火，烧除隔离带与火场之间的可燃物，确保人和隔离带的安全。

②如需要直接扑火时，扑火队伍应绕到水库边缘接近火场，兵分两路，由山下沿火线向山上扑火。

9.6 辽宁省锦县(现凌海市)扑救森林火灾伤亡案例

9.6.1 火灾发生的时间、地点及伤亡情况

时间：1989 年 3 月 13 日 12:00。

地点：锦州市锦县果园南山。

伤亡情况：死亡 9 人。

9.6.2 伤亡地域的地理环境

山为东西走向，山北面有一重要设施。

9.6.3 扑火经过

1989 年 3 月 13 日，锦县组织人员在傍晚将林火扑灭，14 日晨，火场复燃，火迅速向南山坡蔓延，11:00，风速达到六级，驻军从北坡接近火场，当行至山脊翻越鞍部时，前面 9 人伤亡。

9.6.4　案例分析

(1)伤亡发生的主要原因

在接近火场时,从鞍部翻越接近火场。

(2)应采取的主要措施

①接近火场时,严禁翻山或翻越鞍部接近山另一侧的上山火,应从山下绕到火场附近,从火尾或火翼接近火场。

②火在山的另一侧向山上燃烧时,也可待林火烧过山后,变成下山火时,接近火场扑火。

9.7　内蒙古陈巴尔虎旗扑救森林火灾伤亡案例

9.7.1　火灾发生的时间、地点及伤亡情况

时间:1987 年 4 月 20 日。

地点:内蒙古陈巴尔虎旗。

伤亡情况:死亡 52 人,伤 24 人。

9.7.2　伤亡地域的地理环境

地势为长 2000 m,东西走向的草塘沟,南北各有一个小山头,沟西部窄而弯曲,宽度约 20 m,东宽西窄。沟口朝东,宽度为 200 m。北山坡下,有一条宽 3~4 m 的小溪,南山坡下有一条小道。

9.7.3　扑火经过

1987 年 4 月 20 日上午火从北山坡向山下蔓延,护林员带领 94 人扑灭 2000 m 火线,12:30,护林员去侦察火情,扑火人员在沟塘中部休息待命。14:00,火突然从西部沟顶顺风向沟口方向迅速蔓延,部分人员迎火冲越沟的南坡下山火线,进入火烧迹地脱险,另一部分在沟内睡觉的人员和沿小道顺风向沟口逃生的人员全部被烧亡。

9.7.4　案例分析

(1)伤亡发生的主要原因

①顺风逃生是造成人员伤亡的直接原因。

②在大火袭来时,扑火人员还在沟内睡觉,是造成人员伤亡的另一原因。

(2)应采取的主要措施

①休息地应选在北面山坡地火烧迹地边缘,当遇有大火袭击时,可迅速进入火烧迹地避险。

②扑火人员与南山坡距离近时,也可向南山坡撤离,冲越南山坡的下山火线,进入火

烧迹地避险。

9.8 云南省玉溪扑救森林火灾伤亡案例

9.8.1 火灾发生的时间、地点及伤亡情况

时间：1986 年 3 月 29 日 8:30。

地点：云南省玉溪市城北区刺桐关乡与皂角乡交界处。

伤亡情况：死亡 24 人，伤 96 人。

9.8.2 伤亡地域的地理环境

地域海拔为 2000~2100 m 的狭长山谷，谷口朝西南，谷底至山脊高差 100 m，坡度大于 50°，山脊长 1000 m 左右，脊线上有几处鞍部。

9.8.3 扑火经过

1986 年 3 月 29 日 8:30，玉溪市组织 1 万余人扑火。31 日晨，3000 余人在刺桐关山脊上开设隔离带，火从对面的东南坡缓慢向谷底燃烧。12:00，开设隔离带 1000 m 后，大部分人员转移到侧翼开设隔离带，留下部分人员休息待命。13:00，东南坡的林火烧至谷底后，火瞬间从谷底蔓延到对面山坡形成冲火，伴随着高温、浓烟和轰鸣声，迅速冲过隔离带，来不及撤离或误从鞍部撤离的人员全部烧死在山脊上。

9.8.4 案例分析

(1)伤亡发生的主要原因

①错误地把隔离带开设在山脊和鞍部，因火场处在陡峭的峡谷地带，峡谷两侧植被燃烧时，会产生冲火而形成轰燃，同时还会产生强大的对流柱和大量的飞火，加快蔓延速度，导致开设在山脊上的隔离带不能起到隔离作用，使人员发生伤亡。

②扑火人员缺乏紧急避险常识，误从鞍部撤离，造成人员伤亡。

(2)应采取的主要措施

①开设隔离带时，应在山的背面开设。

②当大火威胁隔离带和人身安全时，应组织人员沿隔离带边缘点火，通过加宽无可燃物区域，以保护隔离带和人员安全。

③指挥员须掌握扑火地域的地形、可燃物和气象情况，密切注视火势变化，应有安全撤离和安全避险的准备。开设隔离带时，要开设或确定避火安全区域和撤离路线，当火势威胁人身安全时，应组织人员向预先开设和确定的安全区域或向山的背面撤离，不应从鞍部撤离。

9.9　云南省安宁扑救森林火灾伤亡案例

9.9.1　火灾发生的时间、地点及伤亡情况

时间：1986 年 3 月 28 日 7：20。

地点：昆明市安宁县青龙乡普达沟。

伤亡情况：死亡 56 人，伤 4 人。

9.9.2　伤亡地域的地理环境

沟口朝南，宽度约 20 m，两侧坡度为 25°~45°，沟口至沟顶约 100 m。

9.9.3　扑火经过

1986 年 3 月 28 日 7：20，安宁县组织 7000 余人扑火。13：00，60 人由沟口向沟内开设隔离带，13：10，火场风力加大，林火迅速封住沟口，阵强风吹入峡谷，加快火向沟内蔓延的速度，使扑火人员处于极端不利的危险环境，4 人迎火冲出火线脱险，56 人向沟顶、山梁撤离，因火速快、强度大，全部遇难于山坡。

9.9.4　案例分析

（1）伤亡发生的主要原因

①沟口山梁上的火线蔓延至沟底，绕过开设的隔离带，在阵强风的作用下，火迅速沿隔离带两侧向沟内蔓延，火烧入沟后，沿沟两侧山坡燃烧形成冲火，扑火人员向沟顶撤离，导致人员伤亡。

②扑火人员缺乏紧急避险常识，没能采取正确的避险措施。

（2）应采取的主要措施

①隔离带应开设在山的背坡或地势相对平坦的地域，同时，应开设安全避险区，明确撤离路线。

②在无法躲避大火，来不及点火时，也可组织人员采取火强度相对低的火线迅速迎火突围。

9.10　邵武市水北镇龙斗村"2·14"火灾伤亡案例

9.10.1　火灾发生的时间、地点及伤亡情况

时间：2004 年 2 月 14 日 11：40。

地点：邵武市水北镇龙斗村下厂组大寨山场。

伤亡情况：死亡 8 人。

9.10.2 伤亡地域的地理环境

三面环山夹一小草塘沟，谷底宽 10 m，沟底宽仅 2~3 m，为东南坡向，坡长 100 m，伤亡事故地点在山坡下部，离坡底仅 20 m，山势陡峭，平均坡度达 35°，富屯溪河道拐弯处直对该山坡，处于迎风口。

9.10.3 扑火经过

2004 年 2 月 14 日 11:40，因龙斗村下厂组村民彭移康为防田鼠损坏雪花豆苗，擅自点烧菜地边的芦苇，点燃后未采取防范措施，就离开豆田回家吃饭，结果火头越过公路和铁路，引发森林火灾。中午约 12:00，村民戴雪英发现山上有火，立即报告村党支部书记冯开云。冯开云当即组织村民赶赴火场扑救。火灾地 76 林班(从 77 林班烧入)的山形，为三面环山夹一小草塘沟，谷底宽 10 m，沟底宽仅 2~3 m，为东南坡向，坡长 100 m，伤亡事故地点在山坡下部，离坡底仅 20 m，山势陡峭，平均坡度达 35°，富屯溪河道弯拐处直对该山坡，处于迎风口。该山场为 2000 年造杉木、马尾松混交人工未成林地，3 年未抚育，林内生长着 3 m 高的五节芒、2 m 高的芒萁骨和部分檵木类的小杂灌，杂草覆盖度达 95%。正是由于坡陡、沟窄、易燃物相对集中的特点，构成了易发生高强度林火的环境条件。当天天气，风向西北风，风力 1~2 级，气温 -0.6~23.1℃，湿度 20%，无降雨，火险等级 5 级。14 日 12:20 左右，接龙斗村党支部书记冯开云电话后，护林员何国良立即叫上自家的 3 个兄弟及村民林泉水等 16 人，搭乘村民尤建军的小四轮农用车，赶到起火的山边准备开出火路阻止火势蔓延。约 12:40 山场过火面积已达 100 亩，有 12 位村民就直接进入火点，到达下厂组饮水源头处，分成二路，一路 10 人在水源旁离火头只有 20 m 左右距离沿正北方向的小山脊往上开火路，另一路 4 人在火源右侧沿饮水沟往东北方向开火路。开了 2~3 min，发现火场刮西北山谷风，并伴有 3~4 级的旋风，火势凶猛，能见度低。何国良叫大家赶快撤退，何国胜等 4 人往山坡的右侧东北方向生态公益林内跑去，安全脱险。而何国良等 10 人先往山坡东北方向，然后折回朝西北方向山顶跑，跑出不远即被山顶往下燃烧的大火挡住了去路，因山势陡峭、山路难行、火势旺，加之当时火场气温达 21℃，风速达 2~3 m/s，河风和山谷风对流形成旋风，山坡上浓烟夹着灰尘四起，能见度极低，10 名扑火人员当时迷失了方向，被包围在火海中。何国良、何国水两兄弟跑在最后，因滑倒滚下山，趴在离事故现场仅 8m 左右的小水沟中，侥幸逃生。其余 8 人惊慌中无法分辨方向，在大火中被浓烟熏呛，窒息后被高温烤灼而死。整个火烧过程仅有 20 min。这是一起快速高强度的上山地表火，导致人员伤亡的实例。

9.10.4 案例分析

(1)原因分析

从这起火灾发生来看，起火点在老 316 国道边河滩上的菜地，316 国道上边依次是农田、铁路、山林，路边和田埂的杂草高又密，极易燃烧。从肇事者点燃杂草延烧到山场大约要 1 h，而且起火点离村庄不远，视野开阔，理应及时发现，但直到林火越过公路、铁路烧上山后才有人报警。说明了有些地方，对林区群众的宣传有死角，野外火源管理责任不落实，特别是上午 11:00 或下午 4:00 后农民收工前这一段时间，是农事用火高峰时段，护林员和管护责任人均不在位，管理上出现了真空，从而酿成了大灾。

从扑救人员死亡来看，村民到达火场后，在没有认真观察火势、火场气象、植被等情况下，仓促进入林地去开设防火隔离带，选择进入火场的线路不合理，开设隔离带位置不正确，携带扑火工具简陋，扑火人员无安全保护装备以及避险逃生自救能力差，遇到险情惊惶失措，盲目逃生导致悲剧的发生。

（2）需要吸取的几点教训

造成此次事故虽有山形地势陡、林内植被较复杂和高强度上山火等客观因素外，还与村级指挥员素质不高有着密切联系，教训也是很深的：

①必须加强扑救安全宣传教育，强化火源管理。森林防火预防必须从宣传教育入手，野外安全用火要做到家喻户晓，才能消除火灾隐患。

②应当强化森林火灾扑救指挥员和扑火队队员培训。对基层各级扑火指挥员、扑火队队长和森林防火专职干部进行系统的防火专业知识和安全扑火知识培训，以提高他们的业务素质和指挥水平。要加强基层扑火队员安全知识教育和遇险逃生自救能力的训练，确保扑救人员安全。

③要加强火场扑救组织指挥。火灾初发阶段、火势不大、地形条件比较有利时，可自发组织有扑火经验的群众扑救。但当火势大、火线长、地形险要、气象条件恶劣的情况下，必须严格按照预案的要求，由县、乡（镇）组织专业、半专业队伍进行扑救。

④扑火队员应配备相应的安全保护用品，如火灾救生罩、湿毛巾、水壶、火柴等。一旦有危险，则可自救逃生。

思考题

1. 森林火灾现场发生人员伤亡的主观与客观原因有哪些？
2. 森林火灾扑救现场指挥员要掌握哪些气象常识？
3. 森林火灾扑救现场指挥员要掌握哪些逃生避险常识？
4. 为什么不能翻越山脊线下山接近上山火的火头？

第10章

森林火灾保险

众所周知，林业受多种自然因素的影响，是一项风险性很强的产业。林业中的自然风险是指由于自然因素、地层结构以及大气层间发生的各种人力不可抗拒的、给林业带来不利后果的现象。在森林资源经营过程中，对林业影响较大的自然灾害有4类：一是森林火灾；二是森林病、虫害；三是气候灾害；四是地球地壳的板块运动，如地震、地陷、泥石流、火山爆发等。这些自然灾害的侵袭都会给森林资源带来重大损失，而森林火灾突发性强、破坏性大、危险性高，是全球发生最频繁、处置最困难、危害最严重的自然灾害之一。我国总体上是一个缺林少绿、生态脆弱的国家，也是一个受气候影响显著、森林火灾多发的国家。黑龙江、福建和湖南是我国的3个林业大省，是森林火灾风险最高的3个地区。这3个省份的火灾发生次数、受灾面积以及森林易损指数都位居前列，属火灾的高危险区。森林火灾风险中等地区主要分布在我国的西藏、中部地区省份、东北的辽宁、吉林。西藏的森林面积和森林蓄积量均位列全国前几位，因地广人稀，海拔高，火灾发生的诱因少，灾害的发生频率及损失后果轻。辽宁和吉林虽地处东北，但森林资源相对较少，灾害的发生概率及损失程度也较低。其他各中部省份情况类似，火灾风险综合得分为中等水平。森林火灾风险较低的地区，主要分布在西北、华北及华东地区的北部。这一地区也是我国传统的少林地区，森林资源相对贫乏，再加上地广人稀，森林分布分散，火灾的危险性及损害程度大大降低。

森林火灾按起火原因可以分为2类：一是人为火；二是自然火。大多数森林火灾都是人为原因引起的。要弥补火灾造成的损失就需要采取多种经济措施，才能保证森林可持续经营。

10.1　森林火灾保险概况

森林火灾保险是以防护林、用材林、经济林等林木以及砍伐后尚未集中存放的原木和竹林等为保险标的，是对整个成长过程中可能遭受的火灾所造成的经济损失提供经济保障的一种保险。

10.1.1　我国森林火灾保险概况

我国森林保险的研究和实践的时间短，起步晚，发展慢。森林保险业务于 1982 年开始办理，1984 年在桂林进行试点，之后先后有 20 多个省（自治区、直辖市）开展了多种形式的森林保险业务，并逐渐形成了 4 种试点类型：一是中国人民保险公司。为中国人民财产保险股份有限公司主办、林业部门代理业务，如湖南会同、广西桂林；二是中国人民保险公司与林业部门共保，如福建邵武；三是林业部门自保，如辽宁本溪；四是农村林木保险合作组织自保，如四川、山东。森林保险作为重要的林业风险保障机制，有利于恢复灾后生产、减少林业投融资的风险、优化林业投融资环境、拓宽保险业服务领域、培育新的业务增长点。

我国从 1984 年开始森林保险的试点，现有人寿保险、太平洋财产保险等公司开展森林火灾保险。从投保情况来看，既有林业经营者为自己经营的森林投保，也有政府财政出资为国有林场投保。2006 年，福建省以三明、南平和龙岩 3 个设区市为试点，在全国率先推出了森林火灾保险。目前，福建省森林火灾保险试点地区商品林保险费率为 3%。投保面积在 6.667 hm^2 以上的种植大户，种植户个人承担 80% 保费，省级给予 20% 保费补贴；投保面积在 6.667 hm^2 以下的一般种植户，政府给予 40% 保费补贴；无发生森林火灾的种植户，在续保时保费下浮 50%。在各级政府的重视和积极推动下，福建省森林火灾保险的投保面积逐年增加。2010 年，福建省委、省政府继续将森林保险作为为民办实事的重点工作，并在森林火灾保险的基础上开始实施森林综合保险。为做好与原森林火灾保险政策的衔接，1 月 1 日起，省级以上生态公益林全部纳入森林综合保险保障范围；对没有参加森林综合保险的商品林林权所有者，可继续享受森林火灾保险的风险保障政策至 6 月 5 日止。虽然福建省在全国率先推出了森林火灾保险并已取得了一定的成效，但总体来说，近年来我国森林火灾保险发展较慢且逐年在萎缩，主要原因如下：一是林业经营者（林农）投保森林火灾保险的风险意识淡薄；二是商业保险公司的森林火灾保险业务能力和技术能力不强；三是森林火灾频繁发生，经济损失较大，森林火灾保险平均赔付率较高，给商业保险公司造成了极大的经营压力，导致商业保险公司经营积极性不高；四是由于商业保险公司里参与森林价值评估的林业专家较少，火灾损失评估较难，导致保险费率厘定较难。由于以上原因的存在，我国至今没有形成一套系统、完备的森林火灾保险制度。森林火灾保险业务的发展，并不是一个单方单向活动，而是多方合力共同推动的结果。这就迫切需要相关政府部门、商业保险公司、林业经营者（林农）的共同配合，遏制目前存在的诸多不规范的市场行为，强化森林火灾保险的规范性、合法性，共同发展和完善我国的森林火灾保险制度。

10.1.2　国外森林火灾保险概况

　　森林资源经营管理的风险随时随地存在，许多国家都开展了森林保险业务，森林保险业务发展比较成熟，而且芬兰、美国、瑞典、日本等国都有一整套完善的林业保险体系。森林保险最早的国家是芬兰，始于 1914 年，至今有 100 多年历史了。芬兰的森林保险有森林火灾保险、森林重大损失保险、森林综合保险和森林附加保险。芬兰的森林保险是在政府林农部领导监督下，由联营保险公司经营，承保对象包括国有林、企业财团所有林、教会及个人林场。1972 年 4 月 1 日后，采取足额保险的方式，对全部价值负责赔偿。芬兰的森林保险具有政策性保险的特征，保险公司提供损失金额的 1/3，另 2/3 的损失金额由政府补助基金供给，也就是说政府提供基金补助。

　　瑞典政府和森林经营者十分重视森林保险，始于 1920 年，先后开办了森林火灾保险、森林风暴保险、森林砍（采）伐保险。森林保险由私营商业保险公司经营，并成立联营再保险公司，以分担巨灾风险，承担国有林、集体林和个人林场的人工林及林木产品，保险种类主要有森林火灾保险和综合责任保险。

　　美国以私人保险机构承担森林保险业务，政府向承办森林保险的公司提供 30% 的业务费补贴。美国林务署于 1924 年 7 月 7 日通过 Clarke－McNary 法案对森林火灾损失和森林保险的供给展开了研究。首先考察了森林保护措施与森林保险的结合是否能使森林管理向可持续发展的方向进行；其次通过研究结果表明仅仅通过保护措施并不能降低火灾风险带来的损失，而是需要将森林保险建立在采取森林保护措施的基础之上，两者不能相互取代。美国的森林保险条款具有多样性和合理性的特点，多家保险公司采取合保的形式来分散风险。

　　1937—1978 年，日本政府只承保林龄 20 年以下的幼林火灾保险，民间商业保险公司承保林龄 20 年以上的森林火灾保险。日本的森林保险是由民间的不以盈利为目的的全国森林组合会主办的市、町、村的森林共济会经营。通过官方的机构，为森林保险提供再保险。多数金融主体如银行、保险公司等共同为森林灾害损失做补偿，使森林得以永续经营，使林业经营者有安全感。日本议会专门通过《森林火灾国营保险法》来保障森林保险业务的开展，并设立了森林火灾保险特别会。

10.1.3　我国推进政策性森林火灾保险的必要性

　　森林保险就是自然灾害的一种资金补偿方式。政策性森林保险是指由政府对林业生产者提供保费补贴，保险公司根据保险合同，对被保险人在林业生产过程中因合同约定的原因造成的损失，承担赔偿保险金责任的保险活动。

　　首先，森林本身具有的准公共物品和外部性的性质，以及存在道德风险和逆向选择问题，如果按照其他财产保险方式进行森林保险，会出现林农的有效需求和商业保险公司的有效供给不足问题，从而阻碍森林保险市场的发展甚至萎靡。政府机构没有办法定量收取整个社会民众的费用；其次，森林火灾的复杂性、不可预测性以及损失的难以估量性，致使森林灾害的损失承受者只能是政府，而不可能是保险公司和林农；最后，政府的财政补贴和政策扶持，可以解决森林保险市场的供需失衡，提高全社会的福利水平。因此，在森林火灾保险实践过程中，存在市场失灵问题，使得森林火灾保险无法按照纯粹的商业保险模式运行。由于林业缺乏风险保障机制，一旦遭受巨灾，林农遭受的损失无法得到有效的补偿和救助，极不利于林业的健康顺利发展，对林业实行政策性森林火灾保险是非常有必要的，主要体现在如下几个方面：

第一，森林的弱质性决定了必须对森林进行合理的保护。林业相对于其他产业具有弱质性。从林业生产领域看，林业生产需要长时间的自然作用，生产周期长。林业生产的自然性不仅影响林业生产效率，而且极容易受到自然灾害的影响。因此，林业生产市场风险变得更高，就需要政府的政策支持。我国尽管从农业经济规模与总量来看，堪称是一个世界林业大国，但与日本、瑞士、美国等一些发达国家和地区相比，中国林业基础仍显薄弱。无论是在林业生产基础、生产方式和生产效率上，中国和发达国家都存在很大差距。政策性森林保险正是为了解决林业由于天然弱势而遇到的发展困境，弥补"市场失灵"的一种手段，是一国政府对本国农业扶持与保护政策体系中最主要、最常用的政策工具，其实质是政府对本国林业生产的转移支付，目的是保证本国林业的可持续发展和保障林农收益，它体现出对社会整体利益的维护。

第二，政策性森林火灾保险制度的实行，是转变政府支农方式，维护林区社会稳定与发展的现实要求，也是推动市场经济快速发展的必然要求。随着集体林权制度改革的深入，集体林权的风险责任逐渐转移到林农身上，而林业生产流通规模小、分散化的个体林农承担风险的能力很弱。要增强林业风险抵御能力，降低林业投资的风险，使灾害造成的损失降低到最小，并能在损失后给予必要的补偿，就必须要有森林保险的支持。此外，开展森林保险，通过保费补贴推动建立市场化的新型防灾减灾机制，培养林农市场意识，让林农以较少的投入获得稳定的经济保障，有利于维护林区和谐与稳定，加快林区发展。

第三，政策性森林火灾保险为集体林权制度改革提供了有力保障，是一项重要的扶持政策。集体林权改革是农村产权制度改革的重要组成部分，是林业资源物权化管理的过程。集体林权制度改革后，林地"均分到户"，林农成了林业的主体，林农将独立承担起经营风险以及对林业贷款的偿还责任，使广大林农对保险的需求越来越迫切。林业产权的明晰，使得林农视山林为家庭财产，保护的意愿和力度进一步加大。虽然林权制度改革极大地调动了林农从事林业生产经营的积极性。但林业的高风险，既导致林业生产和林农增收缺乏风险保障，又增大了林业信贷风险，加剧了林农贷款难，制约了林业扩大再生产。而森林保险制度作为抵御林业风险的重要机制，它的开展不仅能有效增强林改承包户在灾后迅速组织恢复生产的能力，减少林业投资的风险，而且能有利于改善林业投融资环境，促进包括林业信贷在内的投融资规模的扩大，为林改和金融创新提供保障和支持作用。为增强林业风险抵御能力，降低林业投资风险，使灾害造成的损失降低到最小，在损失后能够及时给予补偿，广大林农迫切需要保险业的积极参与和大力支持。

第四，开展政策性森林火灾保险，有利于完善政策性农业保险体系，有利于农村保险市场的开拓。保险是现代经济发展的产物，是建立在商品经济及其价值观念基础之上的一种经济活动人们长期认为"自然资源无价值"，认为森林作为自然资源，只是一种生产资料，忽视了森林资源经营管理中的投入、产出以及经济效益的考核和评价。我国把森林保险作为政策性农业保险的一部分，是由于林木生产具有生长周期长，占地面积大，受地理环境影响较大等特点而区分于农业保险。其顺利开展，必将进一步完善农业保险体系。此外，商业性森林保险满足不了林权制度改革和广大林农的需求，因此必须推行政策性森林保险，使保险事业更加完善。通过把森林保险纳入政策性农业保险体系，积极开拓森林保险市场，不仅有利于拓宽农业保险服务领域，为农村提供更加全面的风险保障，也有利于专业性农业保险公司优化产业结构，培育新的业务增长点，努力做大做强，实现林业、农业、保险业互惠共赢，进而促进其更好更快发展。

第五，政策性森林火灾保险是完善风险保障制度的重要举措。森林火灾保险是林业救灾应急体系的重要组成，是林业救灾长效机制建立的重要措施，是适应林业改革发展新形势的迫切需要。森林火灾保险制度的建立和完善，有利于加强森林资源的保护和管理，最大程度地转嫁森林经营过程中出现的火灾、病虫害等各类自然灾害风险，切实维护林农及林业经营者的最大利益，促进林业行业朝着快速、健康、可持续的方向发展。

可见，森林保险只能采取以政府为主导，保险公司配合，林农广泛参与的一种形式进行。政策性森林保险的实施，最大的受益主体是没有缴纳任何保险费用的社会大众，林农和保险公司的收益远远低于全社会。政府采用财政补贴和其他利好政策支持林农和商业保险公司发展森林保险，其实质是财富的一种再分配，利用纳税人的钱提高纳税人的福利，即"取之为民，用之为民"。

10.2　政策性森林火灾保险的设计

林业生产面临的主要风险有森林火灾、病虫害、雨雪冰冻灾害和洪水灾害等。森林火灾风险具有偶然性，并且各地的森林风险种类不一，因此政策性森林保险险种的设计应当结合当地森林资源风险和参保对象意愿，开发设计有潜力、受欢迎的保险产品。险种可单独选择森林火灾险作为基本政策性保障的险种。另外，再选择森林火灾以外的其他几种对本地林业生产影响较大的自然灾害作为森林综合保险列入本地政策性森林保险保障范围，提高森林保险的针对性和有效性。如湖南省洞庭湖是一个洪涝频发的地区，种植杨树林500多万亩，若遇上特大洪涝灾害，可以针对这500多万亩的杨树可以把水灾列入森林综合险中。

10.2.1　政策性森林火灾保险内容的设计

保险标的是指作为保险对象的财产及其有关利益，或者是人的寿命和身体。森林保险标的一般来说是依投保人或被保险人的要求而确定。保险对象主要是生长和管理正常的商品林、公益林及林权抵押贷款的林木(不含种植在房前屋后的零星土地及堤外地、行洪区、蓄洪垸等)。但随着集体林权制度的深入改革，林权到了林农的手上，造成保险标的分散，如何确定好政策性森林保险的标的，保证保险人经营森林保险的成本的降低和经营收益的提高，是一个基本问题。保险标的可以是生长着的各种森林和林木，包括防护林、用材林、经济林、薪炭林和特种用途林以及竹林。对砍伐后尚未集中的圆木或竹林，均可确定为保险标的。在选择森林火灾保险标的时，应综合考虑以下几点：一是森林种植面积的大小。森林面积大，则保源丰富，保险业务才有可能形成规模，保险的保障功能才能得到充分发挥；二是森林商品价值的高低；三是保险市场需求的大小；四是森林的损失率资料；五是保险专业人员对森林的基础知识是否了解。

政策性森林火灾保险标的的确定可以按以下方法：第一按林种确定，即根据各类树种比例、蓄积量，按基准日的价格确定保险标的；第二按林木生长过程确定，即按照由幼龄林到成熟林，随着林龄的增长，保险标的随之增加，按森林的林龄阶段确定保险标的。

10.2.2　森林火灾保险费率厘定

发展森林火灾保险，包括政策性森林火灾保险，最关键最棘手的问题就是森林保险费率厘定问题，解决保险费率厘定问题是确保森林保险有序发展的关键。

10.2.2.1　森林火灾保险费率

森林火灾保险费是指被保险人为获得森林火灾保险保障而向保险人缴纳的费用。保险人依靠其所收取的保险费建立保险基金，对被保险人因保险事故所遭受的损失进行经济补偿。保险费率是保险费与保险金额的比率，即保险价格。保险费率一般由纯费率和附加费率两部分组成。

10.2.2.2　财产保险费率厘定方法

财产保险费率厘定是以保额损失概率为基础的。厘定保险费率首先是计算纯费率，要确定纯费率，首先，需要研究的是有效索赔的概率，即保额损失概率；其次，要确定有效索赔金额。

（1）保额损失率

保额损失率是指单位保额的保险损失赔偿额，即有效赔偿或实际赔偿额占承保保险金额的比率：

$$保额损失率 = 保险赔偿/保险金额$$

保险存在风险，并且风险是不确定的，保险人需要运用有效的历史保险数据，利用统计分析对未来索赔额进行预测。在选取保额损失率数据时，通常需要比较稳定的数据，才有利于做比较准确的预测分析，最终才能确定有效的保险费率。保险人一般用稳定性系数（k）来反映保额损失数据的稳定性：

稳定性系数（k）：
$$k = \frac{\sigma}{\overline{X}} = \sqrt{\sum_{i=1}^{n} (X_i - \overline{X})^2 / n} / \overline{X}$$

均方差（σ）：
$$\sigma = \sqrt{\frac{\sum_{i=1}^{n} (X_i - \overline{X})^2}{n}}$$

平均保额损失率：
$$\bar{x} = \frac{1}{n} \sum_{i=1}^{n} x_i$$

稳定系数的大小跟保额损失率的稳定性成反比，根据保险人的经验，稳定系数值在 10%~20% 效果比较理想。

（2）附加均方差

使用平均保额损失率作为纯费率的估计值，存在一定的风险，特别是平均保额损失率稳定性比较差的时候。为了降低或者避免赔偿金额超过纯保费收入的风险，保险人通常采用在平均保额损失率上附加一定倍数的均方差来确定纯保费率，得到调整平均保额损失率：

$$调整平均保额损失率 = \overline{X} + n\sigma，其中 n = 1，2，3，\cdots$$

根据保险费率厘定原则，附加均方差与平均保险额损失率之比应该控制在 10%~20%。

（3）纯费率

在保险实践中，保险人厘定纯费率的计算公式为：

$$纯费率 = 调整平均保额损失率 \times (1 + 稳定系数)$$

（4）附加保险费率

附加保险费率主要根据保险公司维持正常营业费用来确定，主要包括业务费、企业管理费、代理手续费、缴纳的税金、职工工资及附加费用等。附加费率计算公式为：

$$附加费率 = 营业费用总额/保险金额 \times 100\%$$

(5)毛费率

在确定了纯费率和附加费率之后，就可以计算出毛费率，即营业费率：

毛费率 = 纯保险费率 + 附加保险费率

10.2.3 森林火灾保险费率厘定方法

森林火灾保险隶属于财产保险，但不同于通常意义上的财产保险。一方面，森林火灾的损失难以准确评估预测，森林火灾保险在我国发展时间较短，缺乏比较可靠的索赔数据，难以制定符合实际的费率；另一方面，森林火灾突发性强，风险较通常意义上的财产保险大，且普遍不遵循大数定律，利用一般的财产保险费率厘定方法行不通。目前，由于森林火灾费率厘定的研究较少，但可以引进运用比较成熟的能够解决缺乏大量历史经验数据和风险波动较大的费率厘定方法。

10.2.3.1 损失分布拟合模型

在缺乏大量历史经验理赔数据时，要获得损失变量概率分布可以采用随机模拟方法。随机模拟方法一般包括3个步骤：①建立适当模型；②从一个或多个概率分布中重复生成随机数；③对随机数进行假设检验分析。

通过随机模拟方法所构建的损失分布拟合模型通常使用χ^2方法进行假设检验，近似公式：

$$\chi^2 = \sum_{i=1}^{n} \frac{(O_i - E_i)^2}{E_i} \sim \chi_f^2$$

式中，χ_f^2表示自由度为f的χ^2分布；n指观测记录按大小分组数；O_i指每组数据的频数，E_i指所选择的分布模型的理论值。

10.2.3.2 短期聚合风险模型

设X_i表示森林火灾同类保单的第i次理赔额，N指在单位时间内所有这类森林火灾保单发生的理赔次数，理赔总量为S，则有：

$$SS = X_1 + X_2 + \cdots + X_N = \sum_{i=1}^{n} X_i$$

并假设：随机变量N，X_1，X_2，$\cdots$，X_N相互独立，X_1，X_2，$\cdots$，X_N都是和X同分布的随机变量，即X_i为同质风险。

保险人通常可以选择泊松分布或者负二项分布等离散型分布确定N的分布；利用正态分布、伽马分布、对数正态分布等确定X_i的分布类型。然后，利用概率统计学知识推导出理赔总量S的均值$E[S]$和方差$Var[S]$：

$$E[S] = E[N] \cdot E[X]$$

$$Var[S] = Var[N] \cdot (E[X])^2 + E[N] \cdot Var[X]$$

若n表示森林火灾保单数量，则每份保单的平均纯保费p：

$$p = \frac{ES}{n}$$

10.2.3.3 信度理论

在财产保险中，通常可以依据两类数据对纯保费进行估算：

①同一类险种早期损失数据或类似险种保单的同期损失数据，称为先验信息数据；②一类险种一组保单的近期损失数据。所谓信度理论，就是研究如何利用两类保险费的加

权平均作为保险费的估计值。

$$C = (1 - Z)M + ZS$$

式中，M 为先验信息数据；S 为一类险种一组保单的近期损失值；$Z(0 \leqslant Z \leqslant 1)$ 称为信度。

当 Z 的值越接近 1 时，表明实际损失数据提供的信息越充分，据此获得的保费估计值越准确。

在信度理论中，有限波动信度方法通常用来确定信度 Z 的值：设 C 的估计值为 C，有限波动信度方法就是求使 C 与 C 的相对误差不超过一定限度的概率足够大的 Z 值，则有：

$$Pr \left| \frac{\left(\overset{?}{C} - C \right)}{\overset{?}{C}} \right| < k > 1 - p$$

式中，k，p 都是给定的很小的正数。

通过简化处理，采用 NP(normal power) 方法近似，最终可以求得信度：

$$Z = k / \left[U_a \sqrt{m_2/EN} + (m_3/m_2)(U_a^2 - 1)/6EN \right]$$

这里需要使用聚合风险模型中的数据，即损失 S 用理赔总量来替代，也就是公式：

$$SS = X_1 + X_2 + \cdots + X_N = \sum_{i=1}^{n} X_i$$

m_2 和 m_3 是理赔总量 S 的分布的形状参数，且有：

$$m_2 = n_2 + C_x^2$$
$$m_3 = S_x C_x^3 + 3 n_2 C_x^2 + n_3$$

其中索赔额 X 的标准差系数为：

$$C_x = \frac{Var(X)}{E(X)}$$

偏度系统：

$$S_X = \frac{E[X - E(X)]^2}{Var(X)^{1.5}}$$

$$n_i = E[N - E(N)]^i / E(N)，\text{其中 } i = 1, 2, \cdots$$

U_a 为标准正态分布的 α 百分位点：

$$\alpha = \frac{1 + p}{2}$$

10.2.3.4　保险费率的厘定

保险费率是指保险人收取的保险费与保险人承担的保险责任最大给付金额之百分比。而费率的厘定是保险人使用保险精算来量化风险，即运用统计学和概率的原理并附加一定条件来厘定保险费率。不管是日本、美国还是北欧，其森林保险的费率都根据树种、林龄、地理位置、自然与社会环境等因素划分为多个级别，以此标准按照森林面积收取保费。

厘定保险费率是保险中的核心问题。如何合理确定森林保险费率是森林保险的一个难点和重点，森林保险费率太低，保险人无利可图，会制约森林保险业务的开展；保险费率太高，会制约林农的投保行为。与其他的保险市场相似，森林保险也需要依据标的具体情况来确定保费，由于森林火灾的发生具有明显的地域性，各地区间和相同地区不同年份受灾不一样，所以不同地域的政策性森林保险在规定的费率区间内，可以实行不同的保险费率，以降低逆向选择和道德风险等信息不对称所造成的交易成本。如福建省顺昌县依林种采用不同的费率，同时根据出险情况在相邻年份间使用浮动费率，以激励林农继续投保。但是，与实际的市场需求相比，森林保险险种和费率厘定处于单一的状况，不能适应林农的需求，是我国森林保险难以深入推进的瓶颈之一。故在制定森林保险费率时，应学习国外的成熟经验，并结合区域林农的具体情况，设计和开发出适应林业发展需求和市场需求的保险费率。保险费率的制定可采用两种方法：

(1)通过森林区划，分别制定费率

由于森林保险是一种分散风险的手段，保险人将众多的损失风险集于一身，通过被保险人来平均分摊损失。风险区域的划分为科学合理厘定费率提供了基础和方便。实际上，单从保费负担和风险责任一致性角度考虑，制定费率最公平的办法是按每个保险单位分别厘定，然而这样做工作量太大，而且也无法获得制定费率所需要的单个农户连续多年的准确产量资料。瑞典就是将全国森林划分为6个区，分别设定相应的保险费率。

保险的风险分散是建立在合理计算保险费和足够的保险基金基础之上的。为了保证有大量的投保人参加保险，必须使每一位投保人的保险负担与保险人的风险责任相一致，即要贯彻风险一致性原则。而这就要求进行森林保险的风险区域划分。森林保险的风险区域是指具有相同风险等级，即风险性质相同、损失发生概率基本一致的保险单位组合在一起形成的空间区域。同一风险区域的保险单位不一定连续，有可能在空间上是分割的。划分风险区域是厘定保险费率的一项重要的前期工作。

森林风险区域的划分一般是在危险单位的基础上进行的，因此影响危险单位划分的因素也必然影响危险区域的划分，即危险区域的划分要受到地理位置、自然条件与社会环境等因素的影响。目前我国在森林火灾保险实践中，费率的厘定和应用还带有一定程度的盲目性和随意性。例如，火灾险在湖南、江西两省都实行同一费率就是一种表现。这一做法不能体现地区内各保户保费负担与风险特征的一致性，造成了交费不公，容易诱发逆选择行为和道德危险，最终会导致保险经营不稳定。

风险单位是指具有相同风险等级，即风险性质相同、损失发生概率基本一致的保险单位组合在一起形成的空间区域。森林保险风险单位的区划，基本依据为：一是灾害史；二是气候条件；三是树种。

(2)参照农业保险费率制定

政策性森林保险费率的制定也可以参照农业保险费率的计算方法。森林保险费率由纯费率、安全费率、营业费率组成(因为政策性森林保险通常不包含利润，所以没有包含利润率)。纯费率应以长时期的平均损失率(保额损失率)为基础确定，它所确定的保险费是与保险人对正常损失进行赔偿或给付的部分相对应的。安全费率是为了提高保险人的财务经营的安全性，理论上以异常损失为基础，它所确定的保险费与保险人对异常损失部分的赔偿或给付相对应。安全费率的大小，在理论上是与损失率的均方差大小及对估计可靠程度的要求相联系的；也可以按纯费率的一定比例来确定，即安全费率＝安全系数×纯费率，安全系数选的越大，保险人的经营越安全，但同时执行的毛费率也相应提高，投保人的保费支付能力和保险需求下降；安全系数选的太小，又不足以保证财务经营的安全，所以必须综合考虑选定适当的安全系数。营业费率是以保险人经营保险业务的各种营业费用为基础的，它所确定的保险费用于保险人的各种营业费用支出。保险人的营业费用包括保险公司进行展业的手续费支出、勘察、防损、定损、理赔等业务活动和管理活动的必要支出两个部分。营业费率也可以按纯保费的一定比例确定，即营业费率＝营业费用系数×纯费率。营业费用系数一般往年平均营业费用占纯保费的比重来确定，因为森林灾害的发生一般远离城市，森林保险的定损和理赔等的业务费用较高，导致森林保险的营业费用系数要高于普通财产保险。因此，政策性森林保险的费率计算公式可以表示为：

$$毛费率 = 纯费率 \times (1 + 安全系数) \times (1 + 营业费用系数)$$

森林保险费率与保险标的及其生产特点密切相关，因此，费率制定又不能等同于农业保险：首先，序列林木价格与费率，序列林木价格是指林木不同的生长期投入的成本不一样，价值也不同，因此不同的生长期就有相应的价格。林业生产的劳动和资金投入往往要十几年甚至几十年才见效；其次，损失率与费率，森林灾害的损失与林分特征、气象因子、地形、社会经济条件密切相关，我国林区规模和气象分布的地域差异明显，各林区灾害损失率也有差异。在制定保险费率时需根据当地林分特征、灾害频率和社会经济条件，因地制宜的估算损失率，根据每个森林区划制定费率，编制森林保险费率表，为经营森林保险提供可靠资料；第三，林龄与等级费率，对于相同树种来说，确定保险纯费率时，有必要根据幼龄林、中龄林、成熟林等林龄阶段分成若干费率档次。

根据森林特性，参照农业保险有关费率：政策性森林保险费率应当不高于标的保额的0.5，不低于0.4%。林业主管部门应建立林业保险风险专项资金储备制度，保证灾后重建，迅速恢复林业生产，减轻灾害对林业生态环境的影响。

10.2.3.5　保险金额的设计

保险金额是森林经营者在投森林保险之后，在保险有效期内发生保险事故，造成损失时保险公司能给付的最高赔偿额。如果政策性森林保险金额为每亩林木保险金额，这种不分林种、树种与年龄的保险虽然照顾到林业经营者的保费承受能力，满足了"低保障，广覆盖"的保障原则，但若发生灾害，根本不能保障林农灾后重建。保险金额的确定在林木保险业务中有某些特殊性。理论上应据林木实际价值确定保险金额，但在操作中应考虑保险人承担风险的能力和被保险人的保险意识及承担保费的能力。在确定保险金额的时候，必须考虑林木价值、林木价格、序列林木价格这3个要素。林木价值是林木在营造、管理过程中活劳动和物化劳动的总和；林木价格是由不同地区的平均营林生产成本加上利润和税金组成；序列林木价格是指林木不同的生长期投入的成本不一样，价值也不同，因此不同的生长期有相应的价格，这就是序列林木价格。

保险金额的确定可以按以下4种方法计算：

(1) 按蓄积量确定保险金额

蓄积是中、成龄林实际存在的价值，按蓄积量计算保额较为科学，这可以使林业生产者的利益得到保障。按单位面积活立木蓄积量确定保险金额。

$$林分蓄积量 = 单位面积活立木蓄积量 \times 总面积$$

$$保险金额 = 木材价格 \times 总蓄积量$$

森林保险期限可以规定为一年或多年。若保险期限设定为多年，按活立木蓄积量承保时就要考虑到增加保额，比较科学的计算方法是按活立木生长量来计算保额增加量。实践中可以参照林业部门的树种年平均生长量指数，或保险人根据林种、林地条件、营林状况、积累材料，形成本地区活立木生长量指标，为长期开展森林保险创造条件。

(2)按营林成本确定保险金额

按森林经营过程中实际投入的物化劳动和活劳动的价值(成本)，并考虑资金的时间价值等因素，来计算保险金额。一般包括：整地费、种苗费、移栽费、材料费、设备费、运输费、防护费、管理费等。营林生产需要持续投入资金，成本逐年增加，并较长时间处于生产过程，应分档次计算保险金额。按森林经营过程各作业(如育苗、整地、栽植、抚育等)面积，分别核算作业成本，计算单位面积费用总和，作为投保时所确定的单位面积保险金额(简称亩保额)。计算亩保额时有2种方法：一是把每年营林发生的实际费用累加而成；二是按照每年实际发生的费用累加，并结合占用资金利息来确定亩保额。目前，用材林林木保险大部分都采用营林成本保险。

林木的成本是造林和育林的过程中投入的物化劳动和活劳动的总和，不包括利润和税金。按计算方法的不同，成本的构成有2种：第一种把林木经营中每年发生的实际费用累计而成；第二种把每年发生的实际费用加资金占用利息部分。这种确定保险金额的方法，虽然保障程度较低，但保险金额大都按成本价保。

(3)按计划价确定

计划价是由物价部门制定的价格。此种价格具有很强的政策性和强制性，与市场价格相差较大。因是国家或地方(如省)统一制定，在实际业务中使用简便，易于掌握。

(4)按再植成本确定

林木再植成本包括挖树根、清地、挖坑、移栽、树苗、施肥到树木成活所需的一次性总费用，称为再植成本。因地区、树种和林龄不同，再植要求不同，再植成本不同，应分别确定，如湖南一般用材林再植成本每亩在500~800元左右(再植成本的确定应根据市场变化而变化)。

政策性森林保险以保造林、育林成本为主，保额依各地的林木再植成本确定。在一个较大区域，确定一个基准价格，据树种和树龄、人工投入、生态价值上下浮动。这种保险虽然是不完整的价值承保，但保险方、被保险方和政府三方花费少，计算简便，定损方便，操作性强，可以满足简单再生产的要求。在森林受灾之后，理赔迅速、方便，可以及时更新造林，稳定生产，林农容易接受。

政策性森林保险的保险金额还可以根据林木种类以及林龄确定不同的保险金额，从500~800元不等，费率统一确定在0.40%~0.50%。为了调动小林农的积极性，应取消10亩免赔面积的条款，即对小于10亩的灾害损失也进行赔偿。

对于森林保险中林龄的确定，实践中是以龄级表示的。龄级是指森林中的林木生长发育特点相近，一般是生长缓慢的针叶树和阔叶树常以20年为一个龄级，生长中速的松类、软阔叶树和矮林以10年为一个龄级，速生树种(如杉木、泡桐、杨、柳等)以5年为一个龄级或以绝对年龄表示，竹林以2年为一个龄级。

例如，根据湖南省森林资源状况，湖南省森林保险的保险金额具体可以设计为(表 10-1)：

表 10-1　主要林种及品种的保险金额设计情况

林种	树种	树龄	保险费率(%)	保险金额(元/亩)
公益林			40	400~600
用材林	马尾松	幼龄林	40	400~600
		中龄林	45	500~800
		成熟林	50	500~800
	杉木	0~5 年	40	400~600
		6~10 年	45	500~800
		11~15 年	50	500~800
	湿地松	幼龄林	40	400~600
		中龄林	45	500~800
		成熟林	50	500~800
针叶林	松木	幼龄林	40	400~600
		中龄林	45	500~800
		成熟林	50	500~800
	三杉 (柳杉、水杉、池杉)	幼龄林	40	400~600
		中龄林	45	500~800
		成熟林	50	500~800
	柏木	幼龄林	40	200~800
		中龄林	45	500~800
		成熟林	50	500~800
阔叶林	樟树		40	400~600
	楠木		40	400~600
	木荷		40	400~600
	榆树		40	400~600
	桉树		40	400~600
竹林		2 年生以下幼树	40	500~800
		3~4 年	40	400~600
		5~6 年	40	400~600
经济林	茶叶	4 年生以下	40	400~500
		4 年生以上	40	500~1000
	常绿果木林 (柑橘、柚、杨梅等)	20 年生以下幼中树	40	50~100
		20 年生以上盛果期树	40	100~200
	落叶果木林(桃、梨、 板栗、李、枣、柿、苹果等)	10 年生以下中幼树	40	100~200
		10 年生以上挂果树	40	200~400
	油茶	5 年生以下幼树	40	400~1000
		5 年生以上挂果树	40	600~800
	其他经济树种		40	400~600

10.3 政策性森林火灾保险赔偿标准的设计

森林火灾保险的赔偿标准应遵循森林生态补偿原则，即以生态效益为主兼顾经济效益、公平、政府补偿与市场补偿相结合原则等，在森林保险合同约定的风险发生以后，保险人对被保险人的经济补偿能够弥补其所遭受的经济损失为限：第一，被保险人有权获得保险利益范围内的经济补偿；第二，保险人的补偿以弥补被保险人的实际损失为限，即恰好能够恢复到受损前的状态。

森林火灾保险区别于其他财产保险的显著特点：第一，森林火灾保险价值难以确定。一般财产保险的标的是无生命物，保险价值相对稳定；而森林火灾保险的标的在保险期间一直都处于变化中，只有当它成熟或收获时才能最终确定，在此之前，保险标的处于价值的孕育阶段，不具备独立的价值形态，因此，投保时的保险价值难以确定。森林火灾保险的保险金额多采用变动保额，而一般财产保险的保险金额是固定的。第二，森林火灾保险具有明显的生长规律或生命周期，保险期限需要按照林木生长期来确定，长则数年，短则数日；普通财产保险的保险期限一般为一年。第三，在一定的生长期内受到损害后有一定的自我恢复能力，从而使森林保险的定损变得更为复杂，定损时间与方法都与一般财产保险不同。第四，林木种类繁多，价值各异，抵御自然灾害和意外事故的能力各异，因而难以制定统一的费率标准和赔偿标准，增加了森林保险经营难度；普通财产保险的费率标准和赔偿标准相对容易确定。第五，森林受自然再生产过程的约束，对市场信息反应滞后，市场风险高，森林保险的承保、理赔等必须考虑这些因素；普通财产保险则相对简单。第六，林产品的鲜活性特点使森林保险的受损现场容易灭失，对森林火灾保险查勘时机和索赔时效产生制约，如果被保险人在出险后不及时报案或在定损时隐瞒一些事实，则会使查勘定损失去最佳时机和定损过高。这也是森林保险更容易引发道德风险的重要原因。因此，森林火灾保险合同对理赔时效的约定比普通财产保险严格。

所以，由于森林火灾保险的特殊性，保险森林遭受保险责任范围内的火灾损失后，由于各地承保的方式不同，其赔款的计算方法也不一样。森林火灾保险确定赔偿标准时可以按以下方法计算：

（1）据出险时森林生长时期分别确定有效保险金额比例，然后计算赔付

若全部损失，按照有效保险金额赔付；若部分损失，依据森林损失面积和有效保险金额计算赔付。如果保险面积低于出险时实际面积，还要根据保险面积和实际面积的比例赔付。保险标的发生保险责任范围内的损失，保险人有权选择货币赔偿、实物赔偿或者实际修复等方式进行赔偿，在保险期内，每次事故不论全部损失还是部分损失，均按零免赔率计算。但是由于管理不善、偷窃、非因灾造成的减产，保险公司免赔。因保险责任内灾害造成全部损失，处于不同生长期的，保险金额按如下标准进行赔偿：

表10-2　各林种生长期补偿标准

生长期	每亩最高赔偿标准
幼龄林	每亩保险金额×100%
中龄林	每亩保险金额×70%
成熟林	每亩保险金额×（40%~50%）

$$赔偿金额 = 不同生长期的最高赔偿标准 \times 损失率 \times 受损面积$$
$$损失率 = 单位面积植株损失数量 / 单位面积平均植株数量$$

（2）按蓄积量的成数投保的赔款计算

$$赔付金额 = 每立方米价格 \times (每亩蓄积量 \times 承保成数 - 每亩材积损失量) \times 受损面积$$

（3）按成本保险的赔款计算

$$赔付金额 = 受灾面积 \times 每亩保额 \times \frac{灾前标的估价 \times 受灾面积 - 灾后残值}{灾前标的估价}$$

（4）按造林成本费保险的赔款计算

$$赔偿金额 = 国家标准造林成本 \times 赔偿面积 \times \frac{被保险森林实有密度}{国家森林标准种植密度} \times 损失程度$$

$$过火林地赔付金额 = 每亩保险金额 \times \frac{样本地烧毁株数}{样本地林木株数} \times 火烧地赔偿面积$$

如果在保险期内多次发生火灾，应按有效保险金额赔付。

$$赔付金额 = 每亩保险金额 \times \frac{样本地烧毁株数}{样本地林木株数} \times 火烧地赔偿面积$$

（5）残值处理方法

按照商业性森林保险的残值处理办法，将森林火灾烧毁定为 4 个档次，仅有烧死木有残值处理。其残值处理方法是，把尚能做用材的木材折价给被保险人处理，或把木材烧毁的地方锯出来，对尚能利用的锯成方料或板料折价给被保险人，在赔款中扣除。但在政策性森林保险条款下，对残值的处理办法不能与商业性森林保险办法相同，因为政策性森林保险本身保险金额只保再植成本，如果按商业性森林保险办法操作，首先林农将得不到货币补偿或少量的货币补偿，不能满足林农购买林业再生产所需的资金，不利于再生产快速恢复；其次，灾害发生后，还须将受灾林地清理干净后（即用火烧等方法）再植被恢复，如果保险公司再对烧死木的残值进行处理，就会增加保险公司的理赔的工作量和费用。因此，对残值的处理可以由被保险人自己处理。

10.4　财政补贴标准和补贴资金管理的设计

西方国家政府财政对森林保险的投保人提供 50%~60% 的保费补贴。为了有效保障林业三大效益的充分发挥，促进林业可持续发展，激发和调动林农对林业投入的积极性，我国应构建符合区域特点的林业风险防范体系，建立森林保险保费补贴制度，是党和政府的要求，是广大林农的殷切期盼，是林业生产发展的客观需要，是一项"政府得人心，林农得保障，保险得发展，生态得保护"的惠民政策。森林保险经营原则应立足于市场化经营，辅以国家政策扶持（财政政策、税收政策、监管政策等），建立具有中国特色的政策性森林保险制度，但不能完全依靠国家财政补贴和减免税扶持。

综合考虑省情与林情，在政策性森林保险实施过程中，各级政府财政对保费提供的平均补贴水平不应低于 50%，否则难以达到充分调动林农参与森林保险的目的。商品林由中央财政补贴 50%、省财政补贴 30%、市县两级财政补贴不少于 10%、其余保费由投保人承担；生态公益林分级别由财政全额补贴保费，分别为：中央级生态公益林由中央财政补贴100%，省级生态公益林由中央财政、省财政各补贴50%，市县级生态公益林由中央财政补贴50%、省财政补贴30%、市县财政补贴20%。政策性森林保险业务应实行单独核算，年底结算保费盈余部分划入森林保险专门账户，用于今后赔付；出现亏损时由森林保险工作领导小组给予适当补助。

建议建立政策性森林保险基金，各级政府、保险公司分别设立保险基金专户，实行封闭运行、单独立账、独立核算。当年实收的森林保险保费（包括向农民收缴的保费和各级财政补贴的保费）首先汇入各级森林保险工作办公室政策性森林保险基金专户，在扣除规定的管理费后，70%留作各级政府森林火灾保险基金；30%划入保险公司森林火灾保险基金专户。森林火灾保险基金严格按照森林火灾保险基金使用管理办法进行管理。森林火灾保险基金必须按照国家法律法规和相关政策规定使用，任何单位和个人不得挪用，不得使用森林火灾保险基金参与股票买卖、期货交易和各种借贷、担保活动，保证基金运行安全。

思考题

1. 简述森林火灾保险的目的与作用。
2. 如何进行森林火灾保险标的的厘定？
3. 如何做好依法治火工作？

参考文献

国家林业局 . 2000. 中国林业统计指标解释[M]. 北京：中国林业出版社.

中华人民共和国林业部 . 1996. 森林资源规划设计调查主要技术规定[M]. 北京：中国林业出版社.

中央气象局 . 1993. 地面气象观测规范[M]. 北京：气象出版社.

林业部森林防火办公室 . 1996. 森林火灾扑救与指挥[M]. 北京：中国林业出版社.

国家林业局森林防火办公室 . 2003. 中国生物防火林带建设[M]. 北京：中国林业出版社.

郑焕能，居恩德 . 1988. 林火管理[M]. 哈尔滨：东北林业大学出版社.

郑焕能 . 1989. 综合森林防火体系[M]. 哈尔滨：东北林业大学出版社.

郑焕能，等 . 1992. 森林防火[M]. 哈尔滨：东北林业大学出版社.

郑焕能 . 2003. 森林燃烧环[M]. 哈尔滨：东北林业大学出版社.

郑焕能，居恩德 . 1987. 大兴安岭林区计划火烧的研究[J]. 森林防火(2)：2 - 4.

文定元 . 1995. 森林防火基础知识[M]. 北京：中国林业出版社.

文定元，舒立福 . 1999. 林火理论知识[M]. 哈尔滨：东北林业大学出版社.

舒立福，田晓瑞，寇晓军 . 1998. 计划烧除的应用与研究[J]. 火灾科学，7(3)：61 - 67.

舒立福，田晓瑞，李惠凯 . 1999. 防火林带研究进展[J]. 林业科学，35(4)：80 - 85.

邸雪颖，王宏良，姚树人，等 . 1994. 大兴安岭森林地表可燃物生物量与林分因子关系的研究[J]. 森林防火(2)：16 - 18.

邸雪颖，王宏良 . 1993. 林火预测预报[M]. 哈尔滨：东北林业大学出版社.

邸雪颖 . 2014. 林火预测预报[C]. 第三届中国林业学术大会森林防火分会场论文选登.

胡海清，魏云敏 . 2007. 利用 TM 遥感影像和林分因子估测森林可燃物负荷量[J]. 东北林业大学学报，35(6)：18 - 20.

胡海清 . 2005. 林火生态与管理[M]. 北京：中国林业出版社.

胡海清，金森 . 2002. 黑龙江省林火规律研究 II. 林火动态与格局影响因素的分析[J]. 林业科学，38(2)：98 - 103.

胡海清 . 1995. 大兴安岭主要森林可燃物理化性质测定与分析[J]. 森林防火(1)：27 - 31.

张思玉 . 2003. 林火调查与统计[M]. 北京：中国林业出版社.

张思玉, 居恩德. 1994. 林火发生次数、燃烧面积的时域化分析[J]. 森林防火(1): 11 – 17.

张思玉, 兰海涛. 1998. 针叶幼林树冠火发生的内在机制[J]. 东北林业大学学报, 26(5): 77 – 80.

张思玉, 兰海涛. 1995. 我国各省市区森林火灾危害程度排序[J]. 八一农学院学报(2): 75 – 78.

张思玉, 张志翔. 2001. 杉木马尾松木荷人工纯林与混交林火灾隐患的对比分析[J]. 森林防火(3): 27 – 30.

张思玉. 2001. 火生态与新疆山地森林和草原的可持续经营[J]. 干旱区研究, 18(1): 76 – 79.

姚树人, 文定元. 2003. 森林消防管理学[M]. 北京: 中国林业出版社.

朴金波. 1991. 林火原理与扑救[M]. 哈尔滨: 东北林业大学出版社.

朴金波. 2002. 林火行为研究[M]. 哈尔滨: 黑龙江科学技术出版社.

朴金波. 2002. 森林部队灭火作战组织指挥[M]. 哈尔滨: 黑龙江科学技术出版社.

陈存及, 杨长职, 吴德友. 1996. 生物防火研究[M]. 哈尔滨: 东北林业大学出版社.

陈存及, 等. 1996. 森林消防[M]. 厦门: 厦门大学出版社.

邓湘雯, 聂绍元, 文定元, 等. 2002. 南方杉木人工林可燃物负荷量预测模型的研究[J]. 湖南林业科技, 29(1): 24 – 27.

邓湘雯, 文定元, 邓声文. 2003. 林火对景观格局的影响及其应用[J]. 火灾科学, 12(4): 238 – 244.

邓湘雯, 孙刚, 文定元. 2004. 林火对森林演替动态的影响及其应用[J]. 中南林学院学报, 24(1): 51 – 55.

袁春明, 文定元. 2001. 森林可燃物分类与模型研究的现状与展望[J]. 世界林业研究, 14(2): 29 – 33.

袁春明, 文定元. 2000. 马尾松人工林可燃物负荷量和烧损量的动态预测[J]. 东北林业大学学报, 28(6): 24 – 27.

杜建华. 2012. 试析森林消防装备的种类及使用技术[J]. 森林防火(1): 34 – 35.

丛燕, 高昌海, 蔡建文. 2012. 森林灭火机具组合使用的研究[J]. 林业机械与木工设备(08): 25 – 26.

徐振我, 翟淑清. 1996. 俄罗斯森林防火机械装备状况[J]. 林业机械与木工设备(06): 38 – 39.

白夜. 2008. 森林消防合成灭火技术及紧急避险措施研究[M]. 北京: 北京林业大学博士论文.

唐纳德·波瑞. 1989. 野外火的扑救[M]. 北京: 中国林业出版社.

丛静华. 2003. 森林消防设备与装备[M]. 北京: 中国林业出版社.

魏云敏, 鞠琳. 2006. 森林可燃物负荷量研究综述[J]. 森林防火(4): 18 – 21.

高仲亮. 2005. 森林可燃物计划烧除生态调控基础研究[D]. 北京: 中国林业科学研究院博士论文.

朱学平. 2012. 森林火灾计量经济学研究[D]. 福建: 福建农林大学硕士论文.

蒋丽斌. 2010. 湖南省政策性森林保险机制探讨[D]. 长沙: 中南林业科技大学硕士论文.

杜永胜, 王闰夫. 2007. 中国森林火灾典型案例[M]. 北京: 中国林业出版社.

何忠秋, 张成钢, 王天辉. 1993. 森林可燃物负荷量模型研究[J]. 森林防火(3): 11 – 13.

王强. 2005. 利用遥感图像估测林下可燃物负荷量的研究[D]. 哈尔滨: 东北林业大学硕士论文.

金森. 2006. 遥感估测森林可燃物负荷量的研究进展[J]. 林业科学, 42(12): 63 – 67.

单延龙, 舒立福, 李长江. 2004. 森林可燃物参数与林分特征关系[J]. 自然灾害学报, 13(6): 70 – 75.

陈宏伟, 胡远满, 刘志华, 等. 2008. 大兴安岭呼中林区森林死可燃物负荷量及其影响因子[J]. 生态学杂志, 27(1): 50 – 55.

郑林玉, 任国祥. 1994. 中国航空护林[M]. 北京: 中国林业出版社.

陈家豪. 1999. 农业气象学[M]. 北京: 中国农业出版社.

金可参, 居恩德, 文景贵, 等. 1990. 林火管理知识问答[M]. 哈尔滨: 黑龙江科学技术出版社.

崔勤善, 王艳玲. 2004. 瞭望台在林火监测体系中的应用[J]. 森林防火(1): 27 – 29.

张国防, 欧文琳, 陈瑞炎, 等. 2000. 杉木人工林地表可燃物负荷量动态模型的研究[J]. 福建林学院学报，20(2)：133.

单延龙，关山，廖光煊．2006．长白山林区主要可燃物类型地表可燃物载量分析[J]．东北林业大学学报，34(6)：34-26.

王强，金森．2008．利用RS和林分因子估测帽儿山林场森林可燃物负荷量[J]．东北林业大学学报，36(9)：35-37.

葛剑平，陈动，李传荣，等．1992．火干扰对天然红松林结构和演替过程的影响[J]．东北林业大学学报，20(5)：33-39.

刘晓东，王军，张东升，等．1995．大兴安岭地区兴安落叶松林可燃物模型的研究[J]．森林防火(3)：8-9.

杨光，黄乔，卢丹，等．2011．森林可燃物负荷量测定方法研究[J]．森林防火(2)：19-23.

杜永胜，舒立福．2004．2003年世界各地的森林大火简介[J]．森林防火(2)：26-27.

谷瑞升，于振良，杜生明．2004．我国森林生物灾害及其基础研究[J]．中国科学基金，(3)：162-165.

郭天亮，白静，李春志．2003．风景旅游区森林防火存在的问题及对策[J]．江苏林业科技，30(5)：55-56.

蒋岳新．2002．应用EOS-MODIS数据进行林火监测的初步探索[J]．森林防火，25-27.

李长江，张宝林，徐守斌，等．1998．气象卫星林火监测方法[J]．林业科技，23：26-27.

李红，舒立福，田晓瑞，等．2004．林火研究综述(Ⅳ)-GIS在林火管理中应用现状及发展趋势[J]．世界林业研究，17(1)：20-24.

李景文．1994．森林生态学[M].2版．北京：中国林业出版社.

李行斌．2002．新疆落叶松原始林分天然繁衍的动力探究[J]．西北林学院学报，17(2)：19-21.

梁聚文．2004．关于我国森林防火工作几个问题的思考[J]．森林防火(1)：13-15.

廖国强．2000．刀耕火种与生态保护[J]．云南消防(5)：46-47.

林波，刘庆，吴彦，等．2004．森林凋落物研究进展[J]．生物学杂志，23(1)：60-64.

刘志忠．1991．关于推广营林用火的调查报告[J]．森林防火(3)：35-36.

陆平，严赓雪．1989．新疆森林[M]．乌鲁木齐：新疆人民出版社.

马宝珠．2004．论21世纪防火安全问题[J]．消防科学与技术，23(4)：320-324.

马志贵，鄢武先，杨道贵．1998．云南松计划烧除林地危险可燃物累积量动态及计划烧除周期探讨[J]．四川林业科技，19(1)：23-28.

苏永新，黎桂潮．1999．森林防火线维修的化学除草技术[J]．广东林业科技，15(1)：42-45.

孙智辉，苏长年，尹盟毅．2004．延安市森林火险天气分级预报方法[J]．陕西气象(5)：10-12.

覃先林，易浩若．2004．基于MODIS数据的林火识别方法研究[J]．火灾科学，13(2)：83-89.

唐勇，曹敏，张建侯，等．1997．刀耕火种对山黄麻林土壤种子库的影响[J]．云南植物研究，19(4)：423-428.

田晓瑞，王明玉，舒立福．2003．全球变化背景下我国林火发生趋势及预防对策[J]．森林防火(3)：32-34.

万鲁河，李一军，臧淑英．2004．基于"3S"技术的森林防火决策支持系统研究[J]．系统工程理论与实践(7)：88-93.

王刚，韩益彬．1991．营林用火对杨桦天然更新状况的影响[J]．森林防火(3)：10-12.

王健，郭增宝，周景林，等．1994．用火烧法建造森林防火隔离带的探讨[J]．山东林业科技(6)：35-37.

王金锡．1993．云南松计划烧除试验研究(之一)[J]．森林防火，36(1)：9-13.

王立夫，肖功武，等．1990．火烧造林地对促进人工更新效应的初步观测[J]．森林防火(2)：22,16.

闫厚, 蒋岳新. 2001. 美国 EOS 卫星在林火监测中的应用展望[J]. 林业资源管理(1): 75 – 77.

杨道贵, 马志贵, 鄢武先. 1997. 计划火烧对林间草地产草量和营养成分的影响[J]. 中国草地(1): 45 – 48.

杨志高, 张贵, 钱少青. 2003. 森林火灾的计算机仿真研究[J]. 湖南林业科技, 30(1): 58 – 59, 62.

尹绍亭. 1994. 森林孕育的农耕文化——云南刀耕火种志[M]. 昆明: 云南人民出版社.

张春桂. 2004. 基于 RS 与 GIS 技术的福建省森林火灾监测研究[J]. 福建林学院学报, 24(1): 32 – 35.

张晶. 2004. 森林防火预防措施的探讨[J]. 森林防火(1): 21 – 22.

张树誉, 景毅刚. 2003. EOS – MODIS 资料在森林火灾监测中的应用研究[J]. 灾害学, 19(1): 58 – 62.

周瑞莲, 张普金, 徐长林. 1997. 高寒山区火烧土壤对其养分含量和酶活性的影响及灰色关联分析[J]. 土壤学报, 34(2): 89 – 96.

陈洪文. 1989. 火灾调查学[M]. 南昌: 江西科学技术出版社.

陈友荣. 2004. 森林火灾损失的分类[J]. 福建林业科技, 31(2): 65 – 67, 74.

褚可邑. 1998. 统计理论与方法[M]. 广州: 广东高等教育出版社.

董斌兴, 董林. 2003. 论现代森林防火[J]. 国土绿化(3): 10.

谷瑞升, 于振良, 杜生明. 2004. 我国森林生物灾害及其基础研究[J]. 中国科学基金(3): 162 – 165.

郭天亮, 李春志, 李素林, 等. 2003. 森林火灾起火原因的判断与分析[J]. 江苏林业科技, 30(4): 52 – 53.

贺庆棠. 1988. 气象学[M]. 北京: 中国林业出版社.

贺庆棠. 2001. 森林环境学[M]. 北京: 高等教育出版社.

洪漪. 1996. 档案管理原理与方法[M]. 武汉: 武汉大学出版社.

金可参, 居恩德, 文景贵, 等. 1990. 林火管理知识问答[M]. 哈尔滨: 黑龙江科学技术出版社.

孔繁花, 李秀珍, 王绪高, 等. 2003. 林火迹地森林恢复研究进展[J]. 生态学杂志, 22(2): 60 – 64.

孔繁文, 高岚. 1992. 森林灾害经济评价与对策[M]. 北京: 中国林业出版社.

Arlene Fink. 2004. 如何设计调查研究[M]. 李大伟, 译. 北京: 中国劳动社会保障出版社.

Bourque L B, Fielder E P. 2004. 自填式问卷调查和邮寄问卷调查[M]. 李大伟, 译. 北京: 中国劳动社会保障出版社.

李茂生. 2004. 森林火灾案件现场勘察和调查的基本方法[J]. 森林防火(2): 20 – 21, 25.

李秀珍, 王绪高, 胡远满, 等. 2004. 林火因子对大兴安岭森林植被演替的影响[J]. 福建林学院学报, 24(2): 182 – 187.

梁聚文. 2004. 关于我国森林防火工作几个问题的思考[J]. 森林防火(1): 13 – 15.

龙泽学, 曲绍义, 闫捍江. 2004. 北部火灾区全面恢复生态功能[J]. 中国林业(7): 14.

罗菊春. 2002. 大兴安岭森林火灾对森林生态系统的影响[J]. 北京林业大学学报, 24(5/6): 101 – 107.

施金龙. 1998. 经济统计教程[M]. 北京: 科学出版社.

苏和, 刘桂香. 2004. 浅析我国草原火灾信息管理技术进展[J]. 中国草地, 26(3): 69 – 71.

王婷, 许琪. 2000. 最新火灾事故防范与查处全书[M]. 北京: 中国对外翻译出版公司.

王秀文. 2000. 档案管理基础[M]. 北京: 高等教育出版社.

王绪高, 李秀珍, 贺红士, 等. 2004. 大兴安岭北坡落叶松林火后植被演替过程研究[J]. 生态学杂志, 23(5): 35 – 41.

隗斌贤, 李金昌, 徐云庆. 1997. 调查统计学[M]. 北京: 中国统计出版社.

邢晓辉, 李永光, Arlene Fink. 2004. 调查手册[M]. 北京: 中国劳动社会保障出版社.

严家明. 1993. 现代社会调查方法[M]. 武汉: 华中师范大学出版社.

严忠, 肖彰仁. 岳朝龙. 2003. 概率论与数理统计新编[M]. 合肥: 中国科学技术大学出版社.

阳道允. 1991. 实用科技研究方法[M]. 成都：成都科技大学出版社.

于海龙，邬伦. 2004. 森林火灾现场视频图像传输方案研究[J]. 地理信息世界，02(4)：40-44.

于真，许德琦. 1986. 调查研究知识手册[M]. 北京：工人出版社.

张郧. 1996. 社会调查研究方法及其在行政管理中的应用[M]. 广州：中山大学出版社.

郑宏，张玉红. 2003. 黑龙江省林火信息管理与火灾损失评估系统的设计[J]. 森林防火(4)：18-21.

Roff A, Goodwin N, Merton R. 2005. Assessing fuel loadsusing remote sensing technical report summary[R]. New South Wales Rural Fire Service Technical Report.

Anderson H E. 1982. Aids to determining fuel models forestimating fire behavior[R]. USDA Forest service, Intermountain Forest and Range Experiment Station General Technical Report, INI-122.

Robert E, Keane L J D. 2007. The photoload sampling technique: Estimating surface fuel loadings from downward-looking photographs of synthetic fuelbeds[R]. General Technical Report RMRS-GTR-190. FortCollins, CO: U. S. Department of Agriculture, Forest Service, Rocky Mountain Research Station.

Baxter G, Division W. 2006. Grass fuel loads on linear disturbances in Alberta[J]. Advantage, 7(21): 1-8.

Scott K, Oswald B, Farrish K, *et al.* 2002. Fuel loadingprediction models developed from aerial photographs of the Sangre de Cristo and Jemez mountains of New Mexico, USA[J]. International Journal of Wildland Fire, 11 (1): 85-90.

Brandis K, Jacobson C. 2003. Estimation of vegetative fuel loads using Landsat TM imagery in New South Wales, Australia[J]. International Journal of Wildland Fire, 12(2): 185-194.

Brown, James K, Smith. 2000. Wildland fire in ecosystems: effects of fire on flora. Gen. Tech. Rep. RMRS-GTR-42-vol. 2. Ogden, UT: U. S. Department of Agriculture, Forest Service, Rocky Mountain Research Station.

Neary, Daniel G, Ryan, Kevin C, *et al.* 2005. Wildland fire in ecosystems: effects of fire on soils and water [R]. Gen. Tech. Rep. RMRS-GTR-42-vol. 4. Ogden, UT: U. S. Department of Agriculture, Forest Service, Rocky Mountain Research Station.

Brown A A, Kenneth P D. 1973. Forest fire: Control and use[M]. New York: McGraw-Hill Book Company.

Daskalakou E N, Thanos C A. 1996. Aleppo pine(*Pinus halepensis*) post fire regeneration: the role of canopy and soil seed banks. International Journal of Wildland Fire, 6(2): 59-66.

Kimmins J P. 1987. Forest Ecology[M]. New York: Macmillan Publishing Company.

Statheropoulos M, Tzamtzis N, Pappa A, *et al.* 2004. Naian Liu. Use of a TG-Bridge/Mass Spectrometry Method for On-line Monitoring the Emissions of Pine Needles Combustion[J]. Fire Safety Science, 13(3): 135-144.

Burrons N D, Woods Y C, Ward B G. *et al.* 1989. Prescribing low intensity fire to kill wildlife in *Pinu radiata* plantations in Western Australia[J]. Australia Foresty, 52(1): 45-52.

Stephen J P. 1984. Introduction to wildland fire: Fire management in the United States[M]. A Wiley-Interscience Publication in Wilty Sons, New York: Chichester, Brisbane, Toronto, Singapor.

Weber M G, Taylor S W. 1992. The application of prescribed burning in Canadian forest management[J]. The Forestry Chronicle, 68(31): 21-32.

Kolaks J. 2004. Fuel loading and fire behavior in the Missouri Ozarks of the central hardwood region[D]. Columbia: University of Missouri master degree.

附 录

附一　森林防火实习项目

实习项目 1　森林可燃物载量测定

森林可燃物的种类和载量是估计林火行为(蔓延速度、火强度、火焰高度等)参数的重要指标,掌握可燃物的种类、载量及分布格局对于森林火险、林火预报具有重要意义。

一、可燃物载量的概念

森林可燃物载量是指单位面积上可燃物的绝干重量,包括活、死的有机物,单位是 kg/m^2 或 t/hm^2。可燃物载量计算公式如下:

$$AMC(\%) = \frac{W_H - W_D}{W_D} \times 100$$

$$FMC = W_H \times (1 - AMC)$$

式中,AMC 为绝对含水率(%);W_H 为可燃物湿重;W_D 为可燃物干重;FMC 为可燃物载量。

二、可燃物载量测定方法

(一)直接估测法

直接估测法即专业技术人员根据经验目测样地内可燃物载量,此方法对于实践经验丰富的专业技术人员要做到准确估测可燃物载量都是非常困难的。

(二)标准地法

选择具有代表性的林分布设样地,记载样地树种组成、年龄、坡向等测树和环境因子,具体测定过程:

1. 外业调查

在每块样地内机械设置若干小样方，收集每个小样方内所有可燃物，野外称重并取平均值。

2. 内业计算

将样品带回实验室并烘干，测定每个样方内可燃物含水率，并换算成可燃物载量。

（三）样线截面法

①选择代表性的林分；

②在样地内打出若干条平行样线；

③确定样线方位；

④查算枝条与样线交叉点数；

⑤推算可燃物载量。

（四）模型推测法

模型预估法是将可燃物载量作为独立因子与测树因子进行相关分析，构建数学模型，通过测树因子估测可燃物载量。

（五）照片推测法

照片推测法是对某区域所有类型的森林可燃物拍照存档，并测定各类型可燃物载量，建立照片库，通过照片查找比对，推测可燃物载量。

（六）遥感图像法

应用地理信息系统软件在遥感数字图像中提取像素值参与建模估测森林可燃物载量。

实习项目2　森林火情定位与报告火情

目前，森林火灾起火点位置的定位方法有不少，如一种林火火场的实时测量方法等，方法采用GPS接收机、电子经纬仪等先进的工具，比较繁琐。森林火灾起火点的定位要求快、精、准。因此，一种定位快、精确度高的方法确定林火起火点，准确到起火点在哪个林班或小班，对于了解起火点附近可燃物种类、分布、地形非常重要，更有利于扑火队员了解火场情况及未来发展趋势，实现扑救森林火灾有的放矢，减少扑火队员伤亡情况发生。

采用罗盘仪、地形图、直尺、量角器、地形图等工具，发生林火时，利用不同瞭望台配备的罗盘仪测定两个方位角，实现林火起火点准确定位，即起火点发生在何"林班"或何"小班"，一旦知道林火所在林班或小班，及时向扑火指挥部报告林火发生地点，可燃物种类、分布、载量及地形就清楚，扑火指挥部就迅速掌握火场情况及未来发展趋势，马上组织扑火队员奔赴火场实施扑救，实现"打早、打小、打了"的扑火目的。该林火定位方法简单、迅速，定位结果可靠。

在两个不同瞭望台上利用罗盘仪对准起火点上空的对流烟柱或火焰观测，得到两个方位角，然后在地形图对应的瞭望台点建立直角坐标，用量角器画出对应的方位角，从地形图上的两个瞭望台所在点，分别沿方位角画出直线，两直线的交点即为林火起火点，完成定位。采用的技术方案如下，分两部分完成。

一、实地测量

选定能观测到起火点的对流烟柱或火焰的两个瞭望台，在两个瞭望台上利用罗盘仪对准起火点上空的对流烟柱或火焰观测，在罗盘仪上得到两个方位角（附图1）。

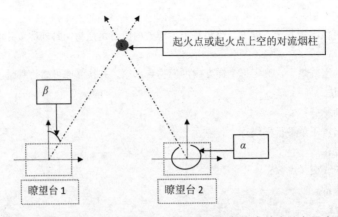

附图1　实地两个瞭望台(或塔)上罗盘仪观测起火点的方位角及方向

二、地形图标定

在地形图对应的瞭望台点建立直角坐标系，在直角坐标系用量角器画出对应的方位角，从地形图上的两个瞭望台所在点，分别沿方位角画出直线，两直线的交点即为林火起火点，完成定位(附图2)。

附图2　在地形图上两个瞭望台(或塔)位置根据 α、β 方位角及方向
画两条直线，它们的交点就是起火点的位置

其一，林业上一般有林班和小班的概念，林班一般以村为单位而小班是把林班内的不同林分类型进行区划，本专利的方法不仅可以准确定位火情的位置，最关键的是可以确定林火起火在落在哪个林班及具体的小班，这样为森林火灾扑救指挥人员提供决策依据，比如起火点的林分类型是什么、可燃物的种类、燃烧性、地形和扑火队员到达火场的道路交通状况等，这些决定了扑火需要的扑火工具、扑火队员到达火场所使用的交通工具及达到火灾现场的时间。

其二，如果林区没有瞭望台，是护林员在林区巡逻时发现火情同样可以利用此法进行火情定位。

实习项目3　常见扑火机具实战演练

（1）风力灭火机的使用及注意事项

（2）灭火水枪的使用及注意事项

（3）1号和2号工具的使用及注意事项

（4）点火器的使用及注意事项

（5）灭火弹的使用及注意事项

实习项目4　森林火灾案件调查

一、起火原因调查

二、森林火灾受害面积调查

（一）实地测量法

将火场周边各转折点作为测点，绕火场周边用罗盘仪测出各转折点间水平距离及磁方位角，按一定比例尺转绘在方格纸上，平差后按几何法或数方格法求算面积，费力费时，只适合小火场，现已基本不用。

（二）对坡勾绘法

把火场直接勾绘在地形图上，用方格纸或求积仪求算面积。

三、林木(株数或蓄积)损失调查

①在火场设置标准地，标准地内进行每木调查胸径小于8cm的要求记录株数，胸径大于8cm的要求测量胸径、树高，按烧毁木、烧死木、烧伤木、轻伤木和未伤木进行分类统计。

②当火场全部树干被烧毁，只剩下树苑，只能通过间接的办法，选择与火场林分、年龄、立地条件相似的林分进行标准地作业，再推断火场损失。

附二 森林防火综合实习
（森林防火规划编制）

了解森林防火规划编制的技术与要求，能够通过对某一区域森林资源及防火现状，结合《全国森林防火规划(2016—2025年)》编制一套完整的森林防火规划。

1 总则

1.1 规划概要

1.1.1 项目名称

1.1.2 项目建设单位

1.1.3 项目性质

1.1.4 建设范围

1.1.5 建设期限及基准年

1.1.6 建设目标

1.1.7 主要建设内容

1.1.8 投资总规模

1.1.9 资金筹措

1.1.10 效益分析

1.2 规划编制依据

1.3 主要技术经济指标

2 项目区概况与森林防火现状

2.1 自然地理

2.1.1 地理位置

2.1.2 地形地貌

2.1.3 水文资源

2.1.4 土壤

2.1.5 气象

2.1.6 植物植被

2.1.7 野生动物

2.1.8 其他资源

2.2 经济社会概况

2.2.1 行政区划与人口

2.2.2 经济状况

2.3 森林资源概况

2.3.1 林地资源

2.3.2 林木资源

2.3.3 生态公益林现状

2.4 森林防火现状

2.4.1 森林防火的组织机构和队伍建设情况

附三 《森林防火条例》

中华人民共和国国务院令

第 541 号

《森林防火条例》已经 2008 年 11 月 19 日国务院第 36 次常务会议修订通过，现将修订后的《森林防火条例》公布，自 2009 年 1 月 1 日起施行。

总 理 温家宝

二〇〇八年十二月一日

森林防火条例

（1988 年 1 月 16 日国务院发布　2008 年 11 月 19 日国务院第 36 次常务会议修订通过）

第一章　总则

第一条　为了有效预防和扑救森林火灾，保障人民生命财产安全，保护森林资源，维护生态安全，根据《中华人民共和国森林法》，制定本条例。

第二条　本条例适用于中华人民共和国境内森林火灾的预防和扑救。但是，城市市区的除外。

第三条　森林防火工作实行预防为主、积极消灭的方针。

第四条　国家森林防火指挥机构负责组织、协调和指导全国的森林防火工作。

国务院林业主管部门负责全国森林防火的监督和管理工作，承担国家森林防火指挥机构的日常工作。

国务院其他有关部门按照职责分工，负责有关的森林防火工作。

第五条　森林防火工作实行地方各级人民政府行政首长负责制。

县级以上地方人民政府根据实际需要设立的森林防火指挥机构，负责组织、协调和指导本行政区域的森林防火工作。

县级以上地方人民政府林业主管部门负责本行政区域森林防火的监督和管理工作，承担本级人民政府森林防火指挥机构的日常工作。

县级以上地方人民政府其他有关部门按照职责分工，负责有关的森林防火工作。

第六条　森林、林木、林地的经营单位和个人，在其经营范围内承担森林防火责任。

第七条　森林防火工作涉及两个以上行政区域的，有关地方人民政府应当建立森林防火联防机制，确定联防区域，建立联防制度，实行信息共享，并加强监督检查。

第八条　县级以上人民政府应当将森林防火基础设施建设纳入国民经济和社会发展规划，将森林防火经费纳入本级财政预算。

第九条 国家支持森林防火科学研究，推广和应用先进的科学技术，提高森林防火科技水平。

第十条 各级人民政府、有关部门应当组织经常性的森林防火宣传活动，普及森林防火知识，做好森林火灾预防工作。

第十一条 国家鼓励通过保险形式转移森林火灾风险，提高林业防灾减灾能力和灾后自我救助能力。

第十二条 对在森林防火工作中作出突出成绩的单位和个人，按照国家有关规定，给予表彰和奖励。

对在扑救重大、特别重大森林火灾中表现突出的单位和个人，可以由森林防火指挥机构当场给予表彰和奖励。

第二章 预防

第十三条 省、自治区、直辖市人民政府林业主管部门应当按照国务院林业主管部门制定的森林火险区划等级标准，以县为单位确定本行政区域的森林火险区划等级，向社会公布，并报国务院林业主管部门备案。

第十四条 国务院林业主管部门应当根据全国森林火险区划等级和实际工作需要，编制全国森林防火规划，报国务院或者国务院授权的部门批准后组织实施。

县级以上地方人民政府林业主管部门根据全国森林防火规划，结合本地实际，编制本行政区域的森林防火规划，报本级人民政府批准后组织实施。

第十五条 国务院有关部门和县级以上地方人民政府应当按照森林防火规划，加强森林防火基础设施建设，储备必要的森林防火物资，根据实际需要整合、完善森林防火指挥信息系统。

国务院和省、自治区、直辖市人民政府根据森林防火实际需要，充分利用卫星遥感技术和现有军用、民用航空基础设施，建立相关单位参与的航空护林协作机制，完善航空护林基础设施，并保障航空护林所需经费。

第十六条 国务院林业主管部门应当按照有关规定编制国家重大、特别重大森林火灾应急预案，报国务院批准。

县级以上地方人民政府林业主管部门应当按照有关规定编制森林火灾应急预案，报本级人民政府批准，并报上一级人民政府林业主管部门备案。

县级人民政府应当组织乡(镇)人民政府根据森林火灾应急预案制定森林火灾应急处置办法；村民委员会应当按照森林火灾应急预案和森林火灾应急处置办法的规定，协助做好森林火灾应急处置工作。

县级以上人民政府及其有关部门应当组织开展必要的森林火灾应急预案的演练。

第十七条 森林火灾应急预案应当包括下列内容：

(一)森林火灾应急组织指挥机构及其职责；

(二)森林火灾的预警、监测、信息报告和处理；

(三)森林火灾的应急响应机制和措施；

(四)资金、物资和技术等保障措施；

(五)灾后处置。

第十八条 在林区依法开办工矿企业、设立旅游区或者新建开发区的，其森林防火设施应当与该建设项目同步规划、同步设计、同步施工、同步验收；在林区成片造林的，应当同时配套建设森林防火设施。

第十九条 铁路的经营单位应当负责本单位所属林地的防火工作，并配合县级以上地方人民政府做好铁路沿线森林火灾危险地段的防火工作。

电力、电信线路和石油天然气管道的森林防火责任单位，应当在森林火灾危险地段开设防火隔离带，并组织人员进行巡护。

第二十条 森林、林木、林地的经营单位和个人应当按照林业主管部门的规定，建立森林防火责任制，划定森林防火责任区，确定森林防火责任人，并配备森林防火设施和设备。

第二十一条 地方各级人民政府和国有林业企业、事业单位应当根据实际需要,成立森林火灾专业扑救队伍;县级以上地方人民政府应当指导森林经营单位和林区的居民委员会、村民委员会、企业、事业单位建立森林火灾群众扑救队伍。专业的和群众的火灾扑救队伍应当定期进行培训和演练。

第二十二条 森林、林木、林地的经营单位配备的兼职或者专职护林员负责巡护森林,管理野外用火,及时报告火情,协助有关机关调查森林火灾案件。

第二十三条 县级以上地方人民政府应当根据本行政区域内森林资源分布状况和森林火灾发生规律,划定森林防火区,规定森林防火期,并向社会公布。

森林防火期内,各级人民政府森林防火指挥机构和森林、林木、林地的经营单位和个人,应当根据森林火险预报,采取相应的预防和应急准备措施。

第二十四条 县级以上人民政府森林防火指挥机构,应当组织有关部门对森林防火区内有关单位的森林防火组织建设、森林防火责任制落实、森林防火设施建设等情况进行检查;对检查中发现的森林火灾隐患,县级以上地方人民政府林业主管部门应当及时向有关单位下达森林火灾隐患整改通知书,责令限期整改,消除隐患。

被检查单位应当积极配合,不得阻挠、妨碍检查活动。

第二十五条 森林防火期内,禁止在森林防火区野外用火。因防治病虫鼠害、冻害等特殊情况确需野外用火的,应当经县级人民政府批准,并按照要求采取防火措施,严防失火;需要进入森林防火区进行实弹演习、爆破等活动的,应当经省、自治区、直辖市人民政府林业主管部门批准,并采取必要的防火措施;中国人民解放军和中国人民武装警察部队因处置突发事件和执行其他紧急任务需要进入森林防火区的,应当经其上级主管部门批准,并采取必要的防火措施。

第二十六条 森林防火期内,森林、林木、林地的经营单位应当设置森林防火警示宣传标志,并对进入其经营范围的人员进行森林防火安全宣传。

森林防火期内,进入森林防火区的各种机动车辆应当按照规定安装防火装置,配备灭火器材。

第二十七条 森林防火期内,经省、自治区、直辖市人民政府批准,林业主管部门、国务院确定的重点国有林区的管理机构可以设立临时性的森林防火检查站,对进入森林防火区的车辆和人员进行森林防火检查。

第二十八条 森林防火期内,预报有高温、干旱、大风等高火险天气的,县级以上地方人民政府应当划定森林高火险区,规定森林高火险期。必要时,县级以上地方人民政府可以根据需要发布命令,严禁一切野外用火;对可能引起森林火灾的居民生活用火应当严格管理。

第二十九条 森林高火险期内,进入森林高火险区的,应当经县级以上地方人民政府批准,严格按照批准的时间、地点、范围活动,并接受县级以上地方人民政府林业主管部门的监督管理。

第三十条 县级以上人民政府林业主管部门和气象主管机构应当根据森林防火需要,建设森林火险监测和预报台站,建立联合会商机制,及时制作发布森林火险预警预报信息。

气象主管机构应当无偿提供森林火险天气预报服务。广播、电视、报纸、互联网等媒体应当及时播发或者刊登森林火险天气预报。

第三章 扑救

第三十一条 县级以上地方人民政府应当公布森林火警电话,建立森林防火值班制度。

任何单位和个人发现森林火灾,应当立即报告。接到报告的当地人民政府或者森林防火指挥机构应当立即派人赶赴现场,调查核实,采取相应的扑救措施,并按照有关规定逐级报上级人民政府和森林防火指挥机构。

第三十二条 发生下列森林火灾,省、自治区、直辖市人民政府森林防火指挥机构应当立即报告国家森林防火指挥机构,由国家森林防火指挥机构按照规定报告国务院,并及时通报国务院有关部门:

(一)国界附近的森林火灾;

（二）重大、特别重大森林火灾；

（三）造成 3 人以上死亡或者 10 人以上重伤的森林火灾；

（四）威胁居民区或者重要设施的森林火灾；

（五）24 h 尚未扑灭明火的森林火灾；

（六）未开发原始林区的森林火灾；

（七）省、自治区、直辖市交界地区危险性大的森林火灾；

（八）需要国家支援扑救的森林火灾。

本条第一款所称"以上"包括本数。

第三十三条 发生森林火灾，县级以上地方人民政府森林防火指挥机构应当按照规定立即启动森林火灾应急预案；发生重大、特别重大森林火灾，国家森林防火指挥机构应当立即启动重大、特别重大森林火灾应急预案。

森林火灾应急预案启动后，有关森林防火指挥机构应当在核实火灾准确位置、范围以及风力、风向、火势的基础上，根据火灾现场天气、地理条件，合理确定扑救方案，划分扑救地段，确定扑救责任人，并指定负责人及时到达森林火灾现场具体指挥森林火灾的扑救。

第三十四条 森林防火指挥机构应当按照森林火灾应急预案，统一组织和指挥森林火灾的扑救。

扑救森林火灾，应当坚持以人为本、科学扑救，及时疏散、撤离受火灾威胁的群众，并做好火灾扑救人员的安全防护，尽最大可能避免人员伤亡。

第三十五条 扑救森林火灾应当以专业火灾扑救队伍为主要力量；组织群众扑救队伍扑救森林火灾的，不得动员残疾人、孕妇及未成年人以及其他不适宜参加森林火灾扑救的人员参加。

第三十六条 武装警察森林部队负责执行国家赋予的森林防火任务。武装警察森林部队执行森林火灾扑救任务，应当接受火灾发生地县级以上地方人民政府森林防火指挥机构的统一指挥；执行跨省、自治区、直辖市森林火灾扑救任务的，应当接受国家森林防火指挥机构的统一指挥。

中国人民解放军执行森林火灾扑救任务的，依照《军队参加抢险救灾条例》的有关规定执行。

第三十七条 发生森林火灾，有关部门应当按照森林火灾应急预案和森林防火指挥机构的统一指挥，做好扑救森林火灾的有关工作。

气象主管机构应当及时提供火灾地区天气预报和相关信息，并根据天气条件适时开展人工增雨作业。

交通运输主管部门应当优先组织运送森林火灾扑救人员和扑救物资。

通信主管部门应当组织提供应急通信保障。

民政部门应当及时设置避难场所和救灾物资供应点，紧急转移并妥善安置灾民，开展受灾群众救助工作。

公安机关应当维护治安秩序，加强治安管理。

商务、卫生等主管部门应当做好物资供应、医疗救护和卫生防疫等工作。

第三十八条 因扑救森林火灾的需要，县级以上人民政府森林防火指挥机构可以决定采取开设防火隔离带、清除障碍物、应急取水、局部交通管制等应急措施。

因扑救森林火灾需要征用物资、设备、交通运输工具的，由县级以上人民政府决定。扑火工作结束后，应当及时返还被征用的物资、设备和交通工具，并依照有关法律规定给予补偿。

第三十九条 森林火灾扑灭后，火灾扑救队伍应当对火灾现场进行全面检查，清理余火，并留有足够人员看守火场，经当地人民政府森林防火指挥机构检查验收合格，方可撤出看守人员。

第四章　灾后处置

第四十条 按照受害森林面积和伤亡人数，森林火灾分为一般森林火灾、较大森林火灾、重大森林火灾和特别重大森林火灾：

（一）一般森林火灾：受害森林面积在 1 hm^2 以下或者其他林地起火的，或者死亡 1 人以上 3 人以下的，或者重伤 1 人以上 10 人以下的；

（二）较大森林火灾：受害森林面积在 1 hm² 以上 100 hm² 以下的，或者死亡 3 人以上 10 人以下的，或者重伤 10 人以上 50 人以下的；

（三）重大森林火灾：受害森林面积在 100 hm² 以上 1000 hm² 以下的，或者死亡 10 人以上 30 人以下的，或者重伤 50 人以上 100 人以下的；

（四）特别重大森林火灾：受害森林面积在 1000 hm² 以上的，或者死亡 30 人以上的，或者重伤 100 人以上的。

本条第一款所称"以上"包括本数，"以下"不包括本数。

第四十一条 县级以上人民政府林业主管部门应当会同有关部门及时对森林火灾发生原因、肇事者、受害森林面积和蓄积、人员伤亡、其他经济损失等情况进行调查和评估，向当地人民政府提出调查报告；当地人民政府应当根据调查报告，确定森林火灾责任单位和责任人，并依法处理。

森林火灾损失评估标准，由国务院林业主管部门会同有关部门制定。

第四十二条 县级以上地方人民政府林业主管部门应当按照有关要求对森林火灾情况进行统计，报上级人民政府林业主管部门和本级人民政府统计机构，并及时通报本级人民政府有关部门。

森林火灾统计报告表由国务院林业主管部门制定，报国家统计局备案。

第四十三条 森林火灾信息由县级以上人民政府森林防火指挥机构或者林业主管部门向社会发布。重大、特别重大森林火灾信息由国务院林业主管部门发布。

第四十四条 对因扑救森林火灾负伤、致残或者死亡的人员，按照国家有关规定给予医疗、抚恤。

第四十五条 参加森林火灾扑救的人员的误工补贴和生活补助以及扑救森林火灾所发生的其他费用，按照省、自治区、直辖市人民政府规定的标准，由火灾肇事单位或者个人支付；起火原因不清的，由起火单位支付；火灾肇事单位、个人或者起火单位确实无力支付的部分，由当地人民政府支付。误工补贴和生活补助以及扑救森林火灾所发生的其他费用，可以由当地人民政府先行支付。

第四十六条 森林火灾发生后，森林、林木、林地的经营单位和个人应当及时采取更新造林措施，恢复火烧迹地森林植被。

第五章 法律责任

第四十七条 违反本条例规定，县级以上地方人民政府及其森林防火指挥机构、县级以上人民政府林业主管部门或者其他有关部门及其工作人员，有下列行为之一的，由其上级行政机关或者监察机关责令改正；情节严重的，对直接负责的主管人员和其他直接责任人员依法给予处分；构成犯罪的，依法追究刑事责任：

（一）未按照有关规定编制森林火灾应急预案的；

（二）发现森林火灾隐患未及时下达森林火灾隐患整改通知书的；

（三）对不符合森林防火要求的野外用火或者实弹演习、爆破等活动予以批准的；

（四）瞒报、谎报或者故意拖延报告森林火灾的；

（五）未及时采取森林火灾扑救措施的；

（六）不依法履行职责的其他行为。

第四十八条 违反本条例规定，森林、林木、林地的经营单位或者个人未履行森林防火责任的，由县级以上地方人民政府林业主管部门责令改正，对个人处 500 元以上 5000 元以下罚款，对单位处 1 万元以上 5 万元以下罚款。

第四十九条 违反本条例规定，森林防火区内的有关单位或者个人拒绝接受森林防火检查或者接到森林火灾隐患整改通知书逾期不消除火灾隐患的，由县级以上地方人民政府林业主管部门责令改正，给予警告，对个人并处 200 元以上 2000 元以下罚款，对单位并处 5000 元以上 1 万元以下罚款。

第五十条 违反本条例规定，森林防火期内未经批准擅自在森林防火区内野外用火的，由县级以上地方人民政府林业主管部门责令停止违法行为，给予警告，对个人并处200元以上3000元以下罚款，对单位并处1万元以上5万元以下罚款。

第五十一条 违反本条例规定，森林防火期内未经批准在森林防火区内进行实弹演习、爆破等活动的，由县级以上地方人民政府林业主管部门责令停止违法行为，给予警告，并处5万元以上10万元以下罚款。

第五十二条 违反本条例规定，有下列行为之一的，由县级以上地方人民政府林业主管部门责令改正，给予警告，对个人并处200元以上2000元以下罚款，对单位并处2000元以上5000元以下罚款：

（一）森林防火期内，森林、林木、林地的经营单位未设置森林防火警示宣传标志的；

（二）森林防火期内，进入森林防火区的机动车辆未安装森林防火装置的；

（三）森林高火险期内，未经批准擅自进入森林高火险区活动的。

第五十三条 违反本条例规定，造成森林火灾，构成犯罪的，依法追究刑事责任；尚不构成犯罪的，除依照本条例第四十八条、第四十九条、第五十条、第五十一条、第五十二条的规定追究法律责任外，县级以上地方人民政府林业主管部门可以责令责任人补种树木。

第六章　附则

第五十四条 森林消防专用车辆应当按照规定喷涂标志图案，安装警报器、标志灯具。

第五十五条 在中华人民共和国边境地区发生的森林火灾，按照中华人民共和国政府与有关国家政府签订的有关协定开展扑救工作；没有协定的，由中华人民共和国政府和有关国家政府协商办理。

第五十六条 本条例自2009年1月1日起施行。